Lebesgue 测度与积分

王於平　夏业茂
施建兵　陈　磊　**编著**

东南大学出版社
SOUTHEAST UNIVERSITY PRESS
·南京·

内 容 提 要

　　本书是作者在十余年教学经验的基础上撰写的一部有关实变函数的教材.该书根据信息与计算科学专业实际情况——教学课时少的特点,精简传统实变函数论中部分抽象内容,对某些抽象概念、定理等内容都举例说明,从而降低该课程难度,减轻学生负担,提高学生学习积极性.我们主要介绍 Lebesgue(勒贝格)测度与 Lebesgue 积分.本书内容包括:集合与实数集、Lebesgue 测度、Lebesgue 可测函数、Lebesgue 积分、L^p 空间,共五章内容,每章后均附习题,以便于读者学习和掌握实变函数论的基础知识.

　　本书可供高等院校数学系学生、研究生阅读,也可供其他有关学科教师和科研人员参考.

图书在版编目(CIP)数据

　　Lebesgue 测度与积分 / 王於平等编著. — 南京:
东南大学出版社,2017.1(2024.12重印)
　　ISBN 978 - 7 - 5641 - 6898 - 8

　　Ⅰ.①L… Ⅱ.①王… Ⅲ.①实变函数 Ⅳ.①O174.1

　　中国版本图书馆 CIP 数据核字(2016)第 318068 号

Lebesgue 测度与积分

出版发行	东南大学出版社	
出 版 人	江建中	
社　　址	南京市四牌楼 2 号	
邮　　编	210096	
经　　销	全国各地新华书店	
印　　刷	广东虎彩云印刷有限公司	
开　　本	700 mm×1000 mm 1/16	
印　　张	8	
字　　数	130 千字	
版　　次	2017 年 1 月第 1 版	
印　　次	2024 年 12 月第 3 次印刷	
书　　号	ISBN 978 - 7 - 5641 - 6898 - 8	
定　　价	20.00 元	

　　(本社图书若有印装质量问题,请直接与营销部联系。电话:025 - 83791830)

目　　录

1　集合与实数集

　　自 19 世纪 80 年代德国数学家 G. Cantor 创立集合论以来, 集合论已经渗透到各个数学领域, 成为现代数学的基础. 本章我们介绍集合论的基本知识, 为学习实变函数论及其他数学课程提供必要的预备知识.

1.1　集合的运算

　　具有某种特定性质的研究对象的全体称为集合(set), 简称为集, 其中每个对象称为元素(element). 我们常用大写字母 $A, B, X, Y, \cdots$ 表示集合, 而用小写字母 $a, b, x, y, \cdots$ 表示元素. 用 $x \in X$ 表示 x 为 X 的元素, 称为 x 属于 X; 用 $x \notin X$ 表示 x 不为 X 的元素, 称为 x 不属于 X, 二者必居其一. $A \subseteq B$ 表示 A 是 B 的子集, 即 A 的元素都是 B 的元素; $A \subsetneqq B$ 表示 A 是 B 的真子集, 即 A 的元素都是 B 的元素, 且 B 中至少有一个元素不属于 A; $A = B \Longleftrightarrow A \subseteq B$ 且 $B \subseteq A$.

　　设 A, B 是 X 的两个子集, 我们定义 A 与 B 的运算如下:

(1) $A \bigcup B = \{x : x \in A \text{ 或 } x \in B\}$ 表示 A 与 B 的并(union);

(2) $A \bigcap B = \{x : x \in A \text{ 且 } x \in B\}$ 表示 A 与 B 的交(intersection);

(3) $A \backslash B = \{x : x \in A \text{ 且 } x \notin B\}$ 表示 A 与 B 的差(difference);

(4) $A^c = \{x : x \in X \text{ 且 } x \notin A\}$ 表示 A 的补集或余集;

(5) $A \triangle B = (A \backslash B) \bigcup (B \backslash A)$ 表示 A 与 B 的对称差.

设一族集合 $\{A_a\}_{a \in I}$, I 称为指标集(index set), 它们的并与交分别为

$$\bigcup_{a \in I} A_a = \{x : \exists \alpha \in I, \text{使得 } x \in A_a\},$$

$$\bigcap_{a \in I} A_a = \{x : \forall \alpha \in I, \text{都有 } x \in A_a\}.$$

读者不难证明 de Morgan 公式

$$(\bigcup_{a \in I} A_a)^c = \bigcap_{a \in I} A_a^c,$$

$$(\bigcap_{a \in I} A_a)^c = \bigcup_{a \in I} A_a^c.$$

通常用 $\varnothing$ 表示空集(empty set),即该集不含任何元素,$\mathbf{N}$ 表示自然数集(本书中不含 0),$\mathbf{Z}$ 表示全体整数集,$\mathbf{Q}$ 表示全体有理数集,$\mathbf{R}$ 表示全体实数集,$\mathbf{C}$ 表示全体复数集.

1.2　集合的基数

基数(cardinal number)的概念是为了研究一个集合的元素的个数而引进的.

1.2.1　映射的概念

如果对任意的 $x \in A$,都有唯一的 $y = f(x) \in B$ 与它对应,则称 $f:A \to B$ 为 A 到 B 的映射(mapping). 称 A 为 f 的定义域,记为 D_f,称 $\{f(x) \mid x \in A\}$ 为 f 的值域,记为 R_f,它是 B 的一个子集.

若 D_f,R_f 都是数集,则称 f 为函数(function).

若 D_f 是数集,R_f 不是数集,则称 f 为抽象函数.

若 D_f 不是数集,R_f 是数集,则称 f 为泛函.

若 D_f,R_f 不是数集,则称 f 为映射或变换(transformation) 或算子(operator).

如果对任意 $x_1 \neq x_2 \in D_f$,都有 $f(x_1) \neq f(x_2)$,则称 f 为 A 到 B 的单射(injection). 此时它的逆映射存在,记为 $f^{-1}:R_f \to A$.

如果 $R_f = B$,则称 f 为满射(surjection).

如果 f 既是单射又是满射,则称 f 为 $1-1$ 对应或双射(bijection).

定义 1.2.1　若 A 与 B 间存在 $1-1$ 对应,则称 A 与 B 对等. 记为 $A \sim B$.

例 1.1　(1) $\mathbf{Z} \sim \mathbf{N}$,这两个集合存在 $1-1$ 对应

$$f(x) = \begin{cases} 2x, & x = 1,2,\cdots, \\ -2x+1, & x = 0,-1,-2,\cdots. \end{cases}$$

(2) $[0,1] \sim [a,b]$,因为两集合存在 $1-1$ 对应 $y = a+(b-a)x$.

(3) $\left(-\dfrac{\pi}{2},\dfrac{\pi}{2}\right)\sim(-\infty,+\infty)$,因为两集合存在 $1-1$ 对应 $y=\tan x$.

显然对等关系有下列性质:

定理 1.2.1 对任何集合,均有

(1) 自反性 $A\sim A$;

(2) 对称性 $A\sim B\Rightarrow B\sim A$;

(3) 传递性 $A\sim B,B\sim C\Rightarrow A\sim C$.

定理 1.2.2 设 $\{A_\alpha\mid\alpha\in I\}$,$\{B_\alpha\mid\alpha\in I\}$ 是两两不相交的集族,$\forall\alpha\in I$ 有 $A_\alpha\sim B_\alpha$,则

$$\bigcup_{\alpha\in I}A_\alpha\sim\bigcup_{\alpha\in I}B_\alpha.$$

1.2.2 有限集、无限集和可数集

众所周知,两个有限集合对等的充要条件是它们的元素个数相同. 因此我们用对等关系来讨论集合元素的个数问题,并将集合进行分类.

定义 1.2.2 如果两个集合对等,则称它们具有相同的基数. 集合 A 的基数记为 $\overline{\overline{A}}$.

显然

$$\overline{\overline{\mathbf{Z}}}=\overline{\overline{\mathbf{N}}},\overline{\overline{[0,1]}}=\overline{\overline{[a,b]}},\overline{\overline{\left(-\dfrac{\pi}{2},\dfrac{\pi}{2}\right)}}=\overline{\overline{(-\infty,+\infty)}}.$$

若 $A\sim\varnothing$ 或 $A\sim\{1,2,\cdots,n\}$,则称 A 为有限集(finite set);否则称为无限集(infinite set). 记有限集的基数为集合元素的个数,如:

例 1.2 $\overline{\overline{\varnothing}}=0;\overline{\overline{\{1,2,\cdots,n\}}}=n$.

若 $A\sim\mathbf{N}$,则称 A 为可数集(countable set),记为 $\overline{\overline{A}}=\aleph_0$(读作阿列夫零). 显然 $A=\{a_1,a_2,\cdots,a_n,\cdots\}$.

若 A 为有限集或可数集,则称 A 为至多可数集.

例 1.3 因为 $\mathbf{Z}\sim\mathbf{N}$,所以 $\overline{\overline{\mathbf{Z}}}=\aleph_0$.

下面定理是关于可数集的性质:

定理 1.2.3 (1) 任何无限集必含有一个可数集.

（2）可数集的任一无限子集是可数集.

（3）有限个或可数个可数集的并还是可数集.

证明　（1）A 为无限集，取 $a_1 \in A$，则 $A\setminus\{a_1\}$ 是无限集. 取 $a_2 \in A\setminus\{a_1\}$，则 $A\setminus\{a_1, a_2\}$ 是无限集，以此类推. $\{a_1, a_2, \cdots, a_n, \cdots\} \subseteq A$.

（2）设 $E \subseteq A = \{a_1, a_2, \cdots, a_n, \cdots\}$ 的无限子集，令 $n_1 = \min\{n : a_n \in E\}$，$n_2 = \min\{n : a_n \in E, n > n_1\}$，$\cdots$. 由于 E 是无限集，这样得到 $n_1 < n_2 < \cdots < n_k < \cdots$. 易知 $E = \{a_{n_1}, a_{n_2}, \cdots, a_{n_k}, \cdots\}$ 是一个可数集.

（3）不妨设 $A_n = \{a_{n,k}\}_{k=1}^{\infty}, n = 1, 2, \cdots$ 是两两不相交的可数集的情形. 令

$$B_m = \{a_{m,1}, a_{m-1,2}, \cdots, a_{1,m}\}.$$

因为 B_m 有限，所以 $\bigcup\limits_{m=1}^{\infty} B_m$ 是一个可数集. 又

$$\bigcup_{n=1}^{\infty} A_n = \bigcup_{m=1}^{\infty} B_m,$$

所以 $\bigcup\limits_{n=1}^{\infty} A_n$ 是可数集.

证毕.

注：定理 1.2.3(3) 在证明某集合是可数集方面起着重要的作用.

推论 1.2.4　有理数全体 **Q** 是可数集.

证明　对任何 $n \in \mathbf{N}$，记 $A_n = \{\frac{1}{n}, \frac{2}{n}, \cdots\}$，则 A_n 是可数集. 令

$$\mathbf{Q}^+ = \bigcup_{n=1}^{\infty} A_n.$$

根据定理 1.2.3(3) 知，$\mathbf{Q}^+$ 是可数集. 同理可证

$$\mathbf{Q}^- = \bigcup_{n=-\infty}^{-1} A_n$$

也是可数集，从而 **Q** 就是可数集.

证毕.

定理 1.2.5　设 A 为无穷集，B 为可数集，则 $A \sim A \cup B$.

注：本书定理、推论、引理、性质按章节连续编号；例题按章编号。

证明　不妨设 $A \cap B = \varnothing$. 取 A 的可数子集 A_1，则 $A_1 \cup B$ 可数集，所以 $A_1 \overset{f_1}{\sim} A_1 \cup B$. 因为 $A \backslash A_1 \overset{I}{\sim} A \backslash A_1$，其中 I 表示 $A \backslash A_1$ 的恒等映射，$A_1 \overset{f_1}{\sim} A_1 \cup B$，又 $(A \backslash A_1) \cap A_1 = \varnothing$，$(A \backslash A_1) \cap (A_1 \cup B) = \varnothing$，所以 $A = (A \backslash A_1) \cup A_1 \sim (A \backslash A_1) \cup (A_1 \cup B) = A \cup B$.
证毕.

1.2.3　不可数集

在上一节中我们学习了可数集及可数集性质. 下面的定理告诉我们一个不可数集(uncountable set) 的例子.

定理 1.2.6　闭区间(closed interval)$[0,1]$ 是不可数集.

证明　用反证法. 假设 $[0,1]$ 是可数集，则

$$[0,1] = \{a_1, a_2, \cdots, a_n, \cdots\}.$$

将 $[0,1]$ 三等分得

$$\left[0, \frac{1}{3}\right], \left[\frac{1}{3}, \frac{2}{3}\right] 和 \left[\frac{2}{3}, 1\right].$$

a_1 最多只能属于它们中的两个，因此存在一个闭区间，记为 I_1 使得

$$a_1 \notin I_1.$$

类似地取

$$I_2 \subseteq I_1 \text{ 使得 } a_2 \notin I_2.$$

这样得到一列闭区间 $\{I_n\}$

$$I_1 \supseteq I_2 \supseteq \cdots \supseteq I_n \supseteq \cdots$$

使得

$$\{a_1, a_2, \cdots, a_n\} \notin I_n, \quad \text{且} \quad |I_n| = \frac{1}{3^n},$$

其中 $|I_n|$ 表示区间 I_n 的长度. 由数学分析中的闭区间套定理知，存在

$$\xi \in \bigcap_{n=1}^{\infty} I_n.$$

显然

$$\xi \in [0,1], 但 \xi \neq a_n.$$

矛盾！所以$[0,1]$不可数.

证毕.

称$[0,1]$具有连续势，记为$\overline{\overline{[0,1]}} = \aleph$(读作阿列夫).

由于对等关系具有传递性，这样我们得到任何区间都是不可数集，即

推论 1.2.7　任何区间都具有连续势.

1.3　R 上的点集

对于 **R** 中的开集与闭集读者已经在数学分析中有所了解，这里将进一步介绍点集的特性，以后再理解多维情形，就不会发生困难了. 本节主要介绍 **R** 中的开集、闭集、完备集及 Cantor 三分集等内容.

1.3.1　R 中的开集、闭集

设 $x_0 \in \mathbf{R}, \delta > 0$，我们称

$$U(x_0, \delta) := \{x : | x - x_0 | < \delta\} = (x_0 - \delta, x_0 + \delta)$$

为 x_0 的 δ-邻域(neighborhood). 称

$$\mathring{U}(x_0, \delta) := \{x : 0 < | x - x_0 | < \delta\}$$

为 x_0 的去心 δ-邻域.

定义 1.3.1　设 E 是 **R** 的非空子集，$x_0 \in \mathbf{R}$.

(1) 若存在 x_0 的邻域 $U(x_0, \delta) \subseteq E$，则称 x_0 是 E 的内点(inner point). E 的内点组成的集合称为 E 的内部，记为 E°.

(2) 若存在 $\delta_0 > 0$，使得 $\mathring{U}(x_0, \delta_0) \bigcap E = \varnothing$，则称 x_0 为 E 的外点(outer point).

(3) 如果对任意 x_0 的领域 $\mathring{U}(x_0, \delta)$，$\mathring{U}(x_0, \delta)$ 既含有 E 中的点，又不含有 E 中的点，则称 x_0 为 E 的边界点(bounday point).

(4) 如果对任意 $\delta > 0$，使得 $\mathring{U}(x_0, \delta) \bigcap E \neq \varnothing$，则称 x_0 为 E 的聚点(point of accumulation). E 的全体聚点记为 E'，称为 E 的导集(derived set). 记 $\overline{E} := E' \bigcup E$ 称为 E 的闭包(closure).

(5) 如果对任意 $x \in E$,都有 $\delta_x > 0$,使得 $U(x, \delta_x) \subseteq E$,则称 E 为开集(open set).

(6) 如果 $E' \subseteq E$,则称 E 为闭集(closed set).

例 1.4　(1) 设 $E = \left\{\dfrac{1}{n}\right\}_{n=1}^{\infty}$,则 0 是 E 的唯一聚点且不属于 E.

(2) 设 $E = (0,1) \bigcup \{-2,2\}$,则 $E^{\circ} = (0,1)$,$E' = [0,1]$,且 $\overline{E} = [0,1] \bigcup \{-2,2\}$.

显然 $\varnothing$ 和 **R** 既是开集又是闭集. 不难证明下面几个定理:

定理 1.3.1　(1) 任意多个开集的并集是开集.

(2) 有限多个开集的交集是开集.

定理 1.3.2　(1) 任意多个闭集的交集是闭集.

(2) 有限多个闭集的并集是闭集.

定理 1.3.3　(1) 开集的余集是闭集.

(2) 闭集的余集是开集.

例 1.5　因为

$$[0,1] = \bigcap_{n=1}^{\infty}\left(-\frac{1}{n}, 1+\frac{1}{n}\right),$$

$$(0,1) = \bigcup_{n=1}^{\infty}\left[\frac{1}{n+2}, 1-\frac{1}{n+2}\right],$$

所以无穷多个开集的交集不一定是开集,无穷多个闭集的并集不一定是闭集.

定义 1.3.2　如果集合 A 能表示成无穷多个开集的交集,则称 A 为 G_{δ} 型集,如果集合 B 能表示成无穷多个闭集的并集,则称 B 为 F_{σ} 型集.

定义 1.3.3　设 G 是 **R** 中的开集,$(a,b) \subseteq G$,但 $a \notin G, b \notin G$,则称 (a,b) 为 G 的一个构成区间(constitutive interval).

> 注:a 可以是 $-\infty$,b 可以是 $+\infty$.

引理 1.3.4　设 G 是 **R** 中的开集,则 G 中每一点必属于 G 的一个构成区间.

证明　设 $x_0 \in G$,由 G 是开集,存在 $\delta_0 > 0$,使得

$$(x_0 - \delta_0, x_0 + \delta_0) \subseteq G.$$

令

$$a = \inf\{x : x < x_0, (x, x_0) \subseteq G\}, b = \sup\{x : x > x_0, (x_0, x) \subseteq G\},$$

其中 a 可能为 $-\infty$, b 可能为 $+\infty$.

显然 $x_0 \in (a, b)$. 下面证 (a, b) 是 G 的一个构成区间.

事实上, $\forall x \in (a, b)$, 不妨设 $a < x < x_0$, 取 a_1 使得 $a < a_1 < x$, 则由下确界定义知

$$(a_1, x_0) \subseteq G.$$

从而 $x \in (a_1, x_0) \subseteq G$. 由 x 的任意性得 $(a, b) \subseteq G$.

如果 $a = -\infty$, 则 $a \notin G$. 如果 a 是有限且 $a \in G$ 时, 因为 G 是开集, 所以存在 $\delta_0 > 0$ 使得

$$(a - \delta_0, a + \delta_0) \subseteq G.$$

进而我们得到

$$(a - \delta_0, x_0) \subseteq G.$$

但 $a - \delta_0 < a$, 这与 a 的定义矛盾. 因此 $a \notin G$. 同理可证 $b \notin G$. 所以 (a, b) 是 G 的一个构成区间.

证毕.

定理 1.3.5 (开集构造) 若 G 是 **R** 中的非空开集, 则 G 可以表示为至多可数个两两不相交的开区间的并. 即

$$G = \bigcup_{\lambda \in \Lambda} (a_\lambda, b_\lambda),$$

其中 Λ 为至多可数集, (a_λ, b_λ) 为 G 的构成区间.

证明 由引理 1.3.4 知

$$G = \bigcup_{x \in G} (a_x, b_x).$$

接下来证明: $\forall x_1 \neq x_2 \in G$, 则 $(a_{x_1}, b_{x_1}) \bigcap (a_{x_2}, b_{x_2}) = \varnothing$ 或 $(a_{x_1}, b_{x_1}) = (a_{x_2}, b_{x_2})$.

若 $(a_{x_1}, b_{x_1}) \bigcap (a_{x_2}, b_{x_2}) \neq \varnothing$, 存在 $x_0 \in (a_{x_1}, b_{x_1}) \bigcap (a_{x_2}, b_{x_2})$.

所以

$$a_{x_1} < x_0 < b_{x_2} \quad \text{并且} \quad a_{x_2} < x_0 < b_{x_1}.$$

因为 $a_{x_2} \notin G$,所以 $a_{x_2} \notin (a_{x_1}, b_{x_1})$,于是

$$a_{x_2} \leqslant a_{x_1}.$$

同理可证

$$a_{x_1} \leqslant a_{x_2}.$$

这样得到

$$a_{x_1} = a_{x_2}.$$

类似地也可以证明 $b_{x_1} = b_{x_2}$. 所以 $(a_{x_1}, b_{x_1}) = (a_{x_2}, b_{x_2})$. 因此 G 可以改写为

$$G = \bigcup_{\lambda \in \Lambda} (a_\lambda, b_\lambda).$$

对每一个 $\lambda \in \Lambda, (a_\lambda, b_\lambda)$ 至少含有一个有理数与它对应,而有理数是可数的,所以集合 λ 是至多可数集.

证毕.

由于闭集的余集是开集,类似于定理 1.3.5,我们得到闭集的构造定理,这里不再赘述. 读者可以参考其他实变函数论专著(如本书参考文献[1]-[3]).

1.3.2 完备集与 Cantor 三分集

定义 1.3.4 设 $E \subseteq \mathbf{R}$,

(1) 如果 $E' = E$,则称 E 是完备集(perfect set).

(2) 如果 $x \in E$ 但 x 不是 E 的聚点,则称 x 为 E 的孤立点(isolated point).

(3) 如果 $\mathbf{R}$ 中任何非空开集必有非空开子集与 E 不相交,则称 E 为疏集(nowhere dense set).

(4) 如果 $\mathbf{R}$ 中任何非空开集 G 使得 $G \bigcap E \neq \varnothing$,则称 E 为稠集(dense set).

例 1.6 (1) 闭区间 $[0,1]$ 是完备集.

(2) 令 $E = [0,1] \bigcup \{2,3\}$,则 $E' = [0,1]$,且 2 和 3 是 E 的孤立点.

(3) 整数集 $\mathbf{Z}$ 是 $\mathbf{R}$ 中的疏集.

(4) 有理数集 $\mathbf{Q}$ 是 $\mathbf{R}$ 中的稠集.

读者不难证明下面定理:

定理 1.3.6 设 $E \subseteq \mathbf{R}$,则

(1) E 为 $\mathbf{R}$ 中的疏集 $\Leftrightarrow (\overline{E})^\circ = \varnothing$.

（2）E 为 **R** 中的稠集 $\Leftrightarrow \overline{E} = \mathbf{R}$.

完备集具有非常好的性质,它既是闭集,又不含孤立点,即每个点都是聚点. 我们知道闭区间或若干个闭区间的并集都是完备集,但完备集可能更复杂,Cantor 三分集证明了它的逆命题不正确. 接下来我们构造 Cantor 三分集(ternary set).

第一步,将闭区间 $[0,1]$ 挖去开区间 $I_{1,1} = \left(\frac{1}{3}, \frac{2}{3}\right)$, 得到剩下闭集 $C_1 = \left[0, \frac{1}{3}\right] \cup \left[\frac{2}{3}, 1\right]$;

第二步,将剩下闭集 C_1 挖去开区间 $I_{2,1} = \left(\frac{1}{3^2}, \frac{2}{3^2}\right)$, $I_{2,2} = \left(\frac{7}{3^2}, \frac{8}{3^2}\right)$, 得到剩下闭集 $C_2 = \left[0, \frac{1}{3^2}\right] \cup \left[\frac{2}{3^2}, \frac{3}{3^2}\right] \cup \left[\frac{6}{3^2}, \frac{7}{3^2}\right] \cup \left[\frac{8}{3^2}, 1\right]$;

上述过程无限进行下去,我们将闭区间 $[0,1]$ 挖去开集 G 为

$$G = \bigcup_{n=1}^{\infty} \bigcup_{k=1}^{2^{n-1}} I_{n,k},$$

其中 $\{I_{n,k}\}$ 是两两互不相交且无公共端点的开区间族,而且它们都不以 0 和 1 为其端点. 于是得到

$$C = [0,1] \backslash G.$$

称 C 为 Cantor 三分集.

次数	去掉开区间	个数、长度	剩下闭集	个数、长度
1	$I_{1,1} = \left(\frac{1}{3}, \frac{2}{3}\right)$	$1, \frac{1}{3}$	$C_1 = \left[0, \frac{1}{3}\right] \cup \left[\frac{2}{3}, 1\right] = C_{1,1} \cup C_{1,2}$	$2, \frac{1}{3}$
2	$I_{2,1} = \left(\frac{1}{3^2}, \frac{2}{3^2}\right),$ $I_{2,2} = \left(\frac{7}{3^2}, \frac{8}{3^2}\right)$	$2, \frac{1}{3^2}$	$C_2 = \left[0, \frac{1}{3^2}\right] \cup \left[\frac{2}{3^2}, \frac{3}{3^2}\right] \cup \left[\frac{6}{3^2}, \frac{7}{3^2}\right] \cup$ $\left[\frac{8}{3^2}, 1\right] = C_{2,1} \cup C_{2,2} \cup C_{2,3} \cup C_{2,4}$	$2^2, \frac{1}{3^2}$
$\vdots$	$\vdots$	$\vdots$	$\vdots$	$\vdots$
n	$I_{n,1} = \left(\frac{1}{3^n}, \frac{2}{3^n}\right), \cdots,$ $I_{n,2^{n-1}} = \left(\frac{3^n-2}{3^n}, \frac{3^n-1}{3^n}\right)$	$2^{n-1}, \frac{1}{3^n}$	$C_n = \left[0, \frac{1}{3^n}\right] \cup \left[\frac{2}{3^n}, \frac{3}{3^n}\right] \cup \cdots \cup$ $\left[\frac{3^n-1}{3^n}, 1\right] = C_{n,1} \cup C_{n,2} \cup \cdots \cup C_{n,2^n}$	$2^n, \frac{1}{3^n}$
$\vdots$	$\vdots$	$\vdots$	$\vdots$	$\vdots$

图 1.1　Cantor 三分集的构造

定理 1.3.7　Cantor 三分集 C 具有下面的性质：

(1) C 是闭集.

(2) C 不含任何区间, 即 C 没有内点, 并且 C 是疏集.

(3) C 是完备集或 C 中无孤立点.

(4) C 具有连续势.

(5) C 的"长度"是 0.

证明　(1) 显然 C 是闭集.

(2) 用反证法. 若不然, 设区间 $I \subseteq C$, 考虑点

$$\frac{k}{3^n}, \quad k = 0, 1, 2, \cdots, 3^n$$

相邻两点的距离是 $\dfrac{1}{3^n}$, 它们在 $[0,1]$ 上是均匀分布的. 当 n 充分大时, 相邻两点的距离满足

$$\frac{1}{3^n} < |I|,$$

其中 $|I|$ 表示区间的长度.

于是存在 $0 \leqslant j_0 \leqslant 3^n$ 使得

$$\left(\frac{j_0}{3^n}, \frac{j_0 + 1}{3^n} \right) \subseteq I \subseteq C.$$

根据 C 的构造方法, 区间 $\left(\dfrac{j_0}{3^n}, \dfrac{j_0 + 1}{3^n} \right)$ 中至少中间的 $\dfrac{1}{3}$ 开区间是要挖掉的, 不属于 C, 矛盾! 所以 C 不含任何区间, 即 C 没有内点.

对于 $\mathbf{R}$ 中的任何非空开集 O, 如果 $O \cap (0,1) = \varnothing$, 则必有非空开子集与 C 不相交. 如果 $O \cap (0,1) \neq \varnothing$, 则 $(O \cap (0,1)) \backslash C$ 为开集, 所以必有非空开子集 $G \subseteq (O \cap (0,1)) \backslash C$, 这样 $G \cap C = \varnothing$. 因此 C 是疏集.

(3) 因为 C 是闭集, 我们只要证明 $C \subseteq C'$, 即 C 每一个点都是聚点. $\forall x \in C$, 为了方便, 不妨设 $x \in (0,1)$, 所以任意开区间 $(\alpha, \beta), 0 < \alpha < x < \beta < 1$, 使得

$$x \in (\alpha, \beta).$$

根据 C 的构造方法, 我们知道闭区间 $C_{n,k}$ 长度为 $\frac{1}{3^n}$, 所以存在充分大的 N_0, 使得

$$\frac{1}{3^{N_0}} < \min\{x - \alpha, \beta - x\}.$$

因为 $x \in C$, 则 x 是永远删不去的点, x 也应该属于删去 N_0 次以后所剩下的某个闭区间中, 设它为 $C_{N_0,k}$, 这样 $C_{N_0,k} \subseteq (\alpha, \beta)$, 于是它的两个端点也就在 (α, β) 中, 但这两个端点都是属于 C 的点, 所以 (α, β) 中至少有一个异于 x 且属于 C 的点, 这证明了 $x \in C'$. 因此 C 是完备集或 C 中无孤立点.

(4) 我们知道 $\forall x \in (0, 1)$, 都唯一表示为三进制数, 使得

$$x = \sum_{n=1}^{\infty} \frac{a_n}{3^n},$$

其中 $a_n = 0, 1, 2$.

因为 $\forall x \in I_{1,1} = \left(\frac{1}{3}, \frac{2}{3}\right)$, 则 $a_1 = 1$. 同样 $\forall x \in I_{2,1} = \left(\frac{1}{9}, \frac{2}{9}\right)$ 及 $\forall x \in I_{2,2} = \left(\frac{7}{9}, \frac{8}{9}\right)$, 则 $a_2 = 1$. $I_{3,k}, k = 1, 2, 3, 4$ 中所有点 x 必有 $a_3 = 1$, 等等. 即对 G 中的所有 x, 必有某项 $a_n = 1$. 因此 $\forall x \in C \bigcap (0, 1)$, 则

$$x = \sum_{n=1}^{\infty} \frac{a_n}{3^n},$$

其中 $a_n = 0, 2$.

令 $f: C \bigcap (0, 1) \to (0, 1)$

$$f(x) = 0.\frac{a_1}{2}\frac{a_2}{2}\cdots\frac{a_n}{2}\cdots,$$

不难验证 f 是 $C \bigcap (0, 1)$ 到 $(0, 1)$ 上的 $1-1$ 对应, 所以 C 具有连续势.

(5) 因为区间 $|I_{n,k}|$ 的长度为

$$|I_{n,k}| = \frac{1}{3^n}, \quad n = 1, 2, \cdots, \quad k = 1, 2, \cdots, 2^{n-1},$$

所以开集 G 的所有开子区间长度总和为

$$\sum_{n=1}^{\infty} \sum_{k=1}^{2^{n-1}} |I_{n,k}| = \sum_{n=1}^{\infty} \frac{2^{n-1}}{3^n} = 1.$$

而 $|[0,1]| = 1$,这样 C 的"长度"是 0.

证毕.

> **注**:因为 Cantor 集合有着上面很独特的性质,所以 Cantor 集合在许多问题的讨论中都有用处. 人们利用这些独特的性质,举出种种反例,破除许多似是而非的错觉.

1.4 Riemann 积分的缺陷

尽管 Riemann 积分理论有着重要的物理背景,但随着科学技术发展,人们发现 Riemann 积分有下面几个缺陷,需要新的积分理论. 这里我们简单回顾一下 Riemann 积分,Riemann 积分定义如下:

定义 1.4.1 设 $f(x)$ 是定义在区间 $[a,b]$ 上的有界的、实值函数,其中 $a,b \in \mathbf{R}, a < b$,将区间 $[a,b]$ 分割成有限个小区间,即作分划

$$T: a = x_0 < x_1 < \cdots < x_{n-1} < x_n = b.$$

并作积分和

$$\sum_{i=1}^{n} f(\xi_i) \Delta x_i,$$

其中 ξ_i 是 $[x_{i-1}, x_i]$ 上任意一点,$\Delta x_i = x_i - x_{i-1}$. 令 $\|T\| = \max_{1 \leqslant i \leqslant n} \{\Delta x_i\}$.

如果

$$\lim_{\|T\| \to 0} \sum_{i=1}^{n} f(\xi_i) \Delta x_i$$

存在,则称这个极限为 $f(x)$ 在区间 $[a,b]$ 上的积分. 记为

$$\int_a^b f(x)\mathrm{d}x = \lim_{\|T\| \to 0} \sum_{i=1}^{n} f(\xi_i) \Delta x_i.$$

分别称

$$U(T,f):=\sum_{i=1}^{n}M_i\Delta x_i,$$

$$L(T,f):=\sum_{i=1}^{n}m_i\Delta x_i,$$

为 Riemann 大和与 Riemann 小和, 这里

$$M_i:=\sup_{x_{i-1}\leqslant x\leqslant x_i}f(x),$$

$$m_i:=\inf_{x_{i-1}\leqslant x\leqslant x_i}f(x).$$

我们得到下面定理:

定理 1.4.1 (Riemann 判别法) 设 $f(x)$ 是定义在区间 $[a,b]$ 上有界的、实值函数, 则 f 是 Riemann 可积的充要条件是 $\forall \varepsilon > 0$, 存在分割 T 使得

$$U(T,f)-L(T,f)<\varepsilon.$$

记区间 $[a,b]$ 上 Riemann 可积函数的集合

$$R[a,b]:=\{f:f \text{ 是 } [a,b] \text{ 上 Riemann 可积函数}\}.$$

例 1.7 Dirichlet 函数 $D(x)$ 定义为

$$D(x)=\begin{cases}1, & x\in \mathbf{Q}\bigcap[0,1],\\ 0, & x\in \mathbf{Q}^c\bigcap[0,1].\end{cases}$$

对于 $[0,1]$ 上的任意分割, 则

$$U(T,f)=1,\quad L(T,f)=0.$$

根据 Riemann 判别法得, Dirichlet 函数 $D(x)$ 在 $[0,1]$ 上不是 Riemann 可积的, 即 $D \notin R[0,1]$.

这本书的目的是介绍 Lebesgue(勒贝格) 积分理论, 人们为什么需要这种新的积分理论? 这是因为 Riemann 积分有缺陷, 不能满足不断发展的科学、技术及应用需要. Riemann 积分缺陷如下:

（1）积分区域和被积函数的限制

Riemann 积分只能考虑有界函数在有限区间上的积分,虽然引进广义积分考虑了无限区间的积分或无界函数的积分,如：

$$\int_{-\infty}^{+\infty} \mathrm{e}^{-x^2} \mathrm{d}x = \lim_{a \to -\infty} \int_a^0 \mathrm{e}^{-x^2} \mathrm{d}x + \lim_{b \to +\infty} \int_0^b \mathrm{e}^{-x^2} \mathrm{d}x,$$

和

$$\int_0^1 \frac{1}{\sqrt{x}} \mathrm{d}x = \lim_{\varepsilon \to 0^+} \int_\varepsilon^1 \frac{1}{\sqrt{x}} \mathrm{d}x,$$

但还不能考虑一般集合上的积分,复杂的函数仍然难以处理.

（2）Riemann 可积函数的难以刻画

尽管 Riemann 判别法给了 Riemann 可积的充要条件,但这个条件还不能准确刻画 Riemann 可积函数类集合. Lebesgue 积分理论得到了非常深刻的结果,即闭区间 $[a,b]$ 上有界函数 $f(x)$ 是 Riemann 可积函数的充要条件是 $f(x)$ 在 $[a,b]$ 上几乎处处连续,此时 $f(x)$ 也是 Lebesgue 可积,并且它们的积分值相同. 因此,人们普遍认为 Lebesgue 积分是 Riemann 积分的推广.

（3）从应用的角度,Riemann 积分的功能比较弱

众所周知在 Riemann 积分中交换积分与极限运算的条件太苛刻. 如：

定理 1.4.2　设 $\{f_n\}_{n=1}^\infty$ 是 $[a,b]$ 上一列可积函数列,如果 $\{f_n\}_{n=1}^\infty$ 在 $[a,b]$ 上一致收敛到 f,则

$$\lim_{n \to \infty} \int_a^b f_n(x) \mathrm{d}x = \int_a^b \lim_{n \to \infty} f_n(x) \mathrm{d}x$$
$$= \int_a^b f(x) \mathrm{d}x.$$

例 1.8　设 $f_n(x) = x^n, x \in [0,1], n = 1,2,\cdots$,则

$$\lim_{n \to \infty} f_n(x) = f(x) = \begin{cases} 0, & x \in [0,1), \\ 1, & x = 1. \end{cases}$$

因为 $f(x)$ 在 $[0,1]$ 上不连续,所以 $\{f_n\}_{n=1}^\infty$ 在 $[a,b]$ 上不一致收敛到 f.

注意到下面等式成立

$$\lim_{n\to\infty}\int_0^1 x^n \mathrm{d}x = \lim_{n\to\infty}\frac{1}{n+1}x^{n+1}\Big|_0^1 = 0,$$

和

$$\int_0^1 \lim_{n\to\infty} f_n(x)\mathrm{d}x = 0.$$

所以

$$\lim_{n\to\infty}\int_0^1 f_n(x)\mathrm{d}x = 0$$

$$= \int_0^1 f(x)\mathrm{d}x$$

$$= \int_0^1 \lim_{n\to\infty} f_n(x)\mathrm{d}x.$$

这个例子表明尽管 $\{f_n\}_{n=1}^{\infty}$ 在 $[a,b]$ 上不一致收敛到 f,但交换积分与极限运算成立,所以 Riemann 积分中交换积分与极限运算的条件太苛刻,且应用起来不方便.

(4) $R[a,b]$ 中完备性不成立

下面举例说明 Riemann 可积函数全体 $R[a,b]$ 缺少完备性(completeness).

例 1.9 设 $\mathbf{Q}\bigcap[0,1]$ 上的有理数排列成

$$x_1,x_2,\cdots,x_n,\cdots,$$

令 $A_n = \{x_1,x_2,\cdots,x_n\}$,$n=1,2,\cdots$,记集合 A_n 的示性函数(indicator function)为

$$f_n(x) = \chi_{A_n}(x) = \begin{cases} 1, & x \in A_n, \\ 0, & x \notin A_n. \end{cases}$$

因为对任意固定的 $x \in [0,1]$,$f_n(x)$ 满足:

(1) $f_n(x) \leqslant f_{n+1}(x)$,$n=1,2,\cdots$,即 $f_n(x)$ 是单调增加;

(2) $0 \leqslant f_n(x) \leqslant 1$,$n=1,2,\cdots$,即 $f_n(x)$ 是有界的.

所以 $\{f_n(x)\}_{n=1}^{\infty}$ 在 $[0,1]$ 上点点收敛,且

$$\lim_{n\to\infty} f_n(x) = D(x), \quad \forall x \in [0,1].$$

另外,我们可以计算

$$\int_0^1 f_n(x)\mathrm{d}x = 0, \quad n = 1, 2, \cdots.$$

但它们的极限 Dirichlet 函数 $D(x)$ 不是 $[0,1]$ 上 Riemann 可积函数,即尽管

$$\lim_{n\to\infty} f_n(x) = D(x), \quad \forall x \in [0,1],$$

且
$$\int_0^1 f_n(x)\mathrm{d}x = 0, \quad n = 1, 2, \cdots.$$

但 $D \notin R[0,1]$.

为方便读者,我们简单介绍线性空间及距离的概念.

定义 1.4.2 设 X 是一个非空集合,P 是一个数域,在集合 X 的元素之间定义了一种代数运算,叫作加法,即给出了一个法则,对于 X 中任意两个元素 x 与 y,在 X 中都有唯一的一个元素 z 与它们对应,称为 x 与 y 的和,记为 $z = x + y$. 在数域 P 与集合 X 的元素之间还定义了一种运算,叫作数量乘法,即对于数域 P 中任一数 α 与 X 中任一元素 x,在 X 中都有唯一的一个元素 y 与它们对应,称为 x 与 α 的数量乘积,记为 αx. 如果加法与数量乘法满足下述规则,那么 X 称为数域 P 上的线性空间(linear space).

$\forall x, y, z \in X$ 及 $\forall \alpha, \beta \in P$,加法运算和数乘运算满足下面几条规则:

(1) (交换律)$x + y = y + x$;

(2) (结合律)$(x + y) + z = x + (y + z)$;

(3) (零元素)在 X 中有一个元素 0,使得 $x + 0 = x$;

(4) (负元素)对于 X 中任一元素 x,都有 X 中的元素 y,使得 $x + y = 0$;

(5) $1x = x$;

(6) $\alpha(\beta x) = (\alpha\beta)x$;

(7) $(\alpha + \beta)x = \alpha x + \beta x$;

(8) $\alpha(x + y) = \alpha x + \alpha y$.

例 1.10 数域 P 上一元多项式环 $P[x]$,按通常的多项式加法和数与多项式的乘法,构成一个数域 P 上的线性空间. 如果只考虑其中次数小于 n 的多项式,再添上零次多项式也构成数域 P 上的一个线性空间,用 $P[x]_n$ 表示.

例 1.11 全体实函数,按函数的加法和数与函数的数量乘法,构成一个实数

域 **R** 上的线性空间.

定义 1.4.3 设 X 是一个线性空间，$\forall x,y \in X$，我们称 $\|x-y\|$ 为 x,y 两点的距离(distance)，它满足距离公理

(1) 非负性：$\|x-y\| \geqslant 0$，$\|x-y\| = 0$ 当且仅当 $x = y$.

(2) 对称性：$\|x-y\| = \|y-x\|$.

(3) 三角不等式：$\|x-y\| \leqslant \|x-z\| + \|z-y\|$， $\forall z \in X$.

例 1.12 (1) $|x-y|$ 是实数集 **R** 的一个距离.

(2) **R**^{n} 的一个距离为

$$\|\boldsymbol{x} - \boldsymbol{y}\|_2 = \sqrt{\sum_{k=1}^{n}(x_k - y_k)^2},$$

其中 $\boldsymbol{x} = (x_1, x_2, \cdots, x_n)^{\mathrm{T}}, \boldsymbol{y} = (y_1, y_2, \cdots, y_n)^{\mathrm{T}}$.

定义 1.4.4 设 $\|\cdot\|$ 是定义在线性空间 X 上的一个距离，则称 $(X, \|\cdot\|)$ 为距离空间(metric space).

定义 1.4.5 设 $(X, \|\cdot\|)$ 是一个距离空间，$\{x_n\}_{n=1}^{\infty}, x_n \in X$ 为 X 中一列点集，$\forall \varepsilon > 0$，存在 $N > 0$，当 $m, n > N$ 时，都有

$$\|x_m - x_n\| < \varepsilon,$$

则称 $\{x_n\}_{n=1}^{\infty}$ 为 X 中的一个 Cauchy 列. 如果 X 中的任意一个 Cauchy 列都收敛于 X 中的点，则称 $(X, \|\cdot\|)$ 是一个完备的距离空间.

显然 $(\mathbf{R}, |\cdot|)$ 和 $(\mathbf{R}^n, \|\cdot\|)$ 都是完备的距离空间.

例 1.13 (1) 设 $R[0,1]$ 是 $[0,1]$ 上 Riemann 可积函数的集合. 我们定义 $R[0,1]$ 上集函数为

$$\|f - g\| := \int_0^1 |f(x) - g(x)| \, \mathrm{d}x, \quad f, g \in R[0,1].$$

不难验证 $\|\cdot\|$ 不是 $R[0,1]$ 上的距离，因为定义 1.4.3(1) 不成立.

(2) 设 $C[0,1]$ 是 $[0,1]$ 上连续函数的集合. 即

$$C[0,1] := \{f : f \text{ 在} [0,1] \text{上连续}\}.$$

不难证明此时(1)中的 $\|\cdot\|$ 是 $C[0,1]$ 上的一个距离.

令

$$f_n(x) = \begin{cases} 0, & 0 \leqslant x < \dfrac{1}{2}, \\[2mm] 2n\left(x - \dfrac{1}{2}\right), & \dfrac{1}{2} \leqslant x < \dfrac{1}{2} + \dfrac{1}{2n}, \\[2mm] 1, & \dfrac{1}{2} + \dfrac{1}{2n} \leqslant x \leqslant 1. \end{cases}$$

因为

$$\| f_{n+p} - f_n \| = \int_0^1 | f_{n+p}(x) - f_n(x) | \, \mathrm{d}x$$

$$= \int_{\frac{1}{2}}^{\frac{1}{2}+\frac{1}{2n}} | f_{n+p}(x) - f_n(x) | \, \mathrm{d}x$$

$$= \frac{1}{2} \cdot 1 \cdot \left[\left(\frac{1}{2} + \frac{1}{2n}\right) - \left(\frac{1}{2} + \frac{1}{2(n+p)}\right) \right]$$

$$= \frac{p}{4n(n+p)} < \frac{1}{4n},$$

所以 $\{f_n\}_{n=1}^{\infty}$ 是 $C[0,1]$ 上 Cauchy 列. 记

$$f(x) = \chi_{\left(\frac{1}{2},1\right]}(x) = \begin{cases} 0, & 0 \leqslant x \leqslant \dfrac{1}{2}, \\[2mm] 1, & \dfrac{1}{2} < x \leqslant 1. \end{cases}$$

由于

$$\| f_n - f \| = \int_0^1 | f_n(x) - f(x) | \, \mathrm{d}x$$

$$= \frac{1}{2} \cdot 1 \cdot \left[\left(\frac{1}{2} + \frac{1}{2n}\right) - \frac{1}{2} \right]$$

$$= \frac{1}{4n} \to 0, \quad n \to \infty,$$

所以 $\{f_n\}_{n=1}^{\infty}$ 按距离 $\| \cdot \|$ 收敛到 f, 但是 $f \notin C[0,1]$. 这样 $C[0,1]$ 中的 Cauchy 列 $\{f_n\}_{n=1}^{\infty}$ 在 $C[0,1]$ 中没有极限, 即 $C[0,1]$ 在 $\| \cdot \|$ 下不是完备的.

Riemann 积分的上述缺陷给人们带来了很大困难，人们寻求新的积分理论——Lebesgue 积分，它是 Riemann 积分的推广.

习题 1

1. 证明：

(1) $A\backslash B = A\backslash(A \bigcap B) = (A \bigcup B)\backslash B$；

(2) $(A\backslash B)\backslash C = A\backslash(B \bigcup C)$.

2. 设 f 是定义在集 E 上的实值函数，α 是任一实数，证明：

(1) $E\{f < \alpha\} = \bigcup_{n=1}^{\infty} E\left\{f \leqslant \alpha - \dfrac{1}{n}\right\}$；

(2) $E\{f \geqslant \alpha\} = \bigcap_{n=1}^{\infty} E\left\{f > \alpha - \dfrac{1}{n}\right\}$.

3. 作一个 $(-1,1) \sim (-\infty, +\infty)$ 的 $1-1$ 对应.

4. 给出一个球面与平面的 $1-1$ 对应.

5. 作出无理数集 $\mathbf{R}\backslash\mathbf{Q}$ 与实数集 $\mathbf{R}$ 之间的 $1-1$ 对应.

6. 证明：单调函数的不连续点的全体是至多可数集.

7. 证明：定义在区间 I 上的函数 f 的第一类间断点全体是至多可数集.

8. 证明：系数为有理数的多项式的全体构成一个可数集.

9. 设 A 是 $\mathbf{R}$ 中一切开区间 (a,b) 组成的集合，则 $\overline{\overline{A}} = \aleph$.

10. 证明：x 是 E 的聚点的充要条件是在 E 中存在一个各项互异的点列 $\{x_n\}_{n=1}^{\infty}$ 使得 $x_n \to x_0$.

11. 证明：$\mathbf{R}$ 中任一集的导集是闭集.

12. 证明：$\mathbf{R}$ 中任一集的孤立点是至多可数的.

13. 求下列集合 E 的 $E°, E'$ 和 $\overline{E}$：

(1) E 由 $[0,1]$ 中的全体无理点构成；

(2) $E = \{(x,y) \mid x^2 + y^2 < 1\}$.

14. E 是函数 $f(x) = \begin{cases} \sin \dfrac{1}{x}, & x \neq 0, \\ 0, & x = 0 \end{cases}$ 的图形上的点的集合，求 $E°$ 和 E'.

15. 举例说明:每个闭集都可以表示为可数个开集的交集;每个开集都可以表示为可数个闭集的并集.

16. 证明:集合 E 的闭包 $\overline{E}$ 是闭集,E 内部 E° 是开集.

17. 设 f 是 **R** 上连续函数,证明:

(1) 若 F 是 **R** 的闭集,则 $f^{-1}(F)$ 是 **R** 的闭集;

(2) 若 G 是 **R** 的开集,则 $f^{-1}(G)$ 是 **R** 的开集.

18. 设 f 定义在 **R** 上,则 f 连续的充要条件是对任何开区间 (a,b),$f^{-1}((a,b))$ 都是开集.

19. 设 A,B 是完备集,则 $A \bigcup B$ 仍是完备集.

2 Lebesgue 测度

Lebesgue 积分理论是一种新的积分理论,它克服了 Riemann 积分理论的缺陷,如交换积分与极限运算的条件太苛刻、可积函数的全体不是完备的等.本章将建立 Lebesgue 测度理论,它是 Lebesgue 积分理论的基础.

2.1 集类与测度

本节我们介绍测度的概念,为此我们先学习集类的相关知识,所谓集类就是指所研究的集合中的元素是集合,如下面例 2.1 中的 X.

2.1.1 集类

定义 2.1.1 设 Ω 是一个集合, X 是由 Ω 的某些子集组成的非空集类 (nonempty set class),如果对任何 $E_1, E_2 \in X$,都有

(1) $E_1 \bigcup E_2 \in X$,

(2) $E_1 \backslash E_2 \in X$.

那么就称 X 是 Ω 上的一个环(ring of sets). 如果 $\Omega \in X$,就称 X 是 Ω 上的一个代数 (algebra of sets).

例 2.1 设 Ω 是任意集合, Ω 的有限子集(包括空集) 全体所成的集类 X 是一个环. 当 Ω 本身是有限集时, X 是一个代数.

例 2.2 设 Ω 是任意集合, Ω 的所有子集全体所成的集合记为 $P(\Omega)$,则 $P(\Omega)$ 是一个代数.

定义 2.1.2 设 Ω 是一个集合, X 是由 Ω 的某些子集组成的非空集类,满足

(1) 对任意的 $E_1, E_2 \in X$,则 $E_1 \backslash E_2 \in X$,

(2) 对任意 $E_k \in X, k = 1, 2, \cdots,$ 则 $\bigcup\limits_{k=1}^{\infty} E_k \in X.$

那么就称 X 是 σ-环. 如果 $\Omega \in X,$ 就称 X 是 σ-代数.

显然例 2.2 中的 Ω 的所有子集全体所成的集类 $P(\Omega)$ 是一个 σ-代数.

定义 2.1.3 $\mathbf{R}$ 中包含开集的最小 σ-代数,记为 $B(\mathbf{R}),$ 其元素称为 Borel 集.

根据 Borel 集的定义,我们知道 G_δ 和 F_σ 都是 $B(\mathbf{R})$ 中的元素.

2.1.2 σ-代数上的测度

定义 2.1.4 称

$$\hat{\mathbf{R}}: = \mathbf{R} \bigcup \{\pm\infty\}$$

为实数集 $\mathbf{R}$ 的扩充实数集.

设 X 是一个集类,如果 μ 是集类 X 到 $\hat{\mathbf{R}}$ 的映射,则称 μ 是 X 上的一个集函数 (set functions).

定义 2.1.5 设 X 是由集合 Ω 的某些子集所构成的 σ-代数,μ 是 X 上的一个集函数且不恒为 $+\infty.$ 如果 μ 具有下列性质:

(1) 非负性(non-negativity):对于任何 $E \in X, \mu(E) \geqslant 0$;

(2) 可列可加性(countable additivity):对于任何一列两两不相交的集合 $\{E_n\}_{n=1}^{\infty}, E_n \in X,$ 都有

$$\mu(\bigcup_{k=1}^{\infty} E_n) = \sum_{n=1}^{\infty} \mu(E_n).$$

则称集函数 μ 为 σ-代数 X 的测度(measure).

由测度的定义,我们得到 $\mu(\varnothing) = 0.$

例 2.3 设 $P(\Omega)$ 是由无穷集 Ω 的所有子集组成的集合,则 $P(\Omega)$ 是 σ-代数,对任意的 $E \in X,$ 定义集函数 μ

$$\mu(E): = \begin{cases} \overline{\overline{E}}, & E \text{ 为有限集}, \\ +\infty, & E \text{ 为无限集}. \end{cases}$$

不难验证 μ 为 $P(\Omega)$ 的测度,称它为**计数测度**.

2.2　Lebesgue 外测度

从 Cantor 三分集的复杂性可以知道 **R** 上点集是很复杂的. 尽管一般区间 $I = [a,b]$ 的区间长度为 $|I| = b-a$ 或 $+\infty$, 其中 $-\infty \leqslant a < b \leqslant +\infty$, 但复杂点集的长度是怎样计算呢? 为了把线段长度的概念拓广到一般直线点集 E, 我们引进 Lebesgue 外测度概念.

定义 2.2.1　设 $E \subseteq \mathbf{R}$, 定义集函数 $m^* : P(\mathbf{R}) \to \hat{\mathbf{R}}$ 为

$$m^*(E) := \inf\Big\{\sum_n |I_n| : E \subseteq \bigcup_{n=1}^{\infty} I_n, I_n \text{ 为有限开区间}\Big\},$$

称 $m^*(E)$ 为集合 E 的 Lebesgue 外测度(outer measure).

> **注**:(1) 因为存在可数个有限开区间可以覆盖整个 **R**, 即
>
> $$\mathbf{R} \subseteq \bigcup_{n=1}^{\infty} (-n, n),$$
>
> 所以集合
>
> $$\Big\{\{I_n\}_{n=1}^{\infty} : \mathbf{R} \subseteq \bigcup_{n=1}^{\infty} I_n, I_n \text{ 为有限开区间}\Big\}$$
>
> 是非空的. 因而定义 2.2.1 有意义! 所以 **R** 中的任何集合 E 都有外测度(非负实数或 $+\infty$).
>
> 　(2) 当 $m^*(E) < +\infty$ 时, 对任意 $\varepsilon > 0$, 都存在一列开区间 $\{I_n\}_{n=1}^{\infty}$, 满足 $E \subseteq \bigcup_{n=1}^{\infty} I_n$, 且
>
> $$\sum_n |I_n| < m^*(E) + \varepsilon.$$
>
> 　(3) $\{I_n\}_{n=1}^{\infty}$ 中的某些 I_n 可能是 $\varnothing$.

例 2.4　下面集合的 Lebesgue 外测度为零, 我们称 Lebesgue 外测度为零的集合为零集(null set).

(1) 空集是零集, 即 $m^*(\varnothing) = 0$.

（2）有限集 $\{a_1, a_2, \cdots, a_{N_0}\}, N_0 \in \mathbf{N}$,是零集,即 $m^*(\{a_1, a_2, \cdots, a_{N_0}\}) = 0$.

（3）可数集 $E = \{a_1, a_2, \cdots, a_n, \cdots\}$ 是零集,即 $m^*(E) = 0$. 因为有理数集 $\mathbf{Q}$ 是可数集,所以

$$m^*(\mathbf{Q}) = 0.$$

证明 （1）因为对任意 $\varepsilon > 0$,则

$$\varnothing \subseteq \left(-\frac{\varepsilon}{2}, \frac{\varepsilon}{2}\right).$$

由定义 2.2.1 得

$$0 \leqslant m^*(\varnothing) < \varepsilon.$$

由 ε 的任意性知

$$m^*(\varnothing) = 0.$$

（2）因为对任意 $\varepsilon > 0$,

$$\{a_1, a_2, \cdots, a_{N_0}\} \subseteq \bigcup_{k=1}^{N_0}\left(a_k - \frac{\varepsilon}{4N_0}, a_k + \frac{\varepsilon}{4N_0}\right),$$

所以

$$\begin{aligned}
0 \leqslant m^*(\{a_1, a_2, \cdots, a_{N_0}\}) &\leqslant \sum_{k=1}^{N_0}\left|\left(a_k - \frac{\varepsilon}{4N_0}, a_k + \frac{\varepsilon}{4N_0}\right)\right| \\
&= \sum_{k=1}^{N_0} \frac{2\varepsilon}{4N_0} \\
&= \frac{\varepsilon}{2} < \varepsilon.
\end{aligned}$$

因此 $m^*(\{a_1, a_2, \cdots, a_{N_0}\}) = 0$.

（3）因为对任意 $\varepsilon > 0$,

$$\{a_1, a_2, \cdots, a_k, \cdots\} \subseteq \bigcup_{k=1}^{\infty}\left(a_k - \frac{\varepsilon}{2^{k+1}}, a_k + \frac{\varepsilon}{2^{k+1}}\right),$$

所以

$$0 \leqslant m^* (\{a_1, a_2, \cdots, a_{N_0}, \cdots\}) \leqslant \sum_{k=1}^{\infty} \left| \left(a_k - \frac{\varepsilon}{2^{k+1}}, a_k + \frac{\varepsilon}{2^{k+1}} \right) \right|$$

$$= \sum_{k=1}^{\infty} \frac{\varepsilon}{2^k}$$

$$= \varepsilon.$$

因此 $m^* (E) = 0$.

证毕.

Lebesgue 外测度具有下面性质：

定理 2.2.1 （单调性 monotone）若 $E_1 \subseteq E_2$，则 $m^* (E_1) \leqslant m^* (E_2)$.

证明 因为对任意有限区间 $I_n, n = 1, 2, \cdots$，使得

$$\bigcup_{n=1}^{\infty} I_n \supseteq E_2,$$

必然有

$$\bigcup_{n=1}^{\infty} I_n \supseteq E_1.$$

所以 $m^* (E_1) \leqslant m^* (E_2)$.

证毕.

定理 2.2.2 （次可加性 countable subadditivity）若 $E_n \subseteq \mathbf{R}, n \in \mathbf{N}$，则

$$m^* \left(\bigcup_{n=1}^{\infty} E_n \right) \leqslant \sum_{n=1}^{\infty} m^* (E_n). \tag{2.1}$$

证明 若 $\sum_{n=1}^{\infty} m^* (E_n) = \infty$，则 (2.1) 式成立.

下面证 $\sum_{n=1}^{\infty} m^* (E_n) < \infty$，(2.1) 式成立. 这时 $m^* (E_n) < \infty, \forall n \in \mathbf{N}$. $\forall \varepsilon > 0$，由 m^* 的定义，$\exists \{I_{n,k}\}_{k=1}^{\infty}$，使得

$$E_n \subseteq \bigcup_{k=1}^{\infty} I_{n,k}, \quad \sum_{k=1}^{\infty} |I_{n,k}| < m^* (E_n) + \frac{\varepsilon}{2^n}.$$

因此

$$\bigcup_{n=1}^{\infty} E_n \subseteq \bigcup_{n=1}^{\infty} \bigcup_{k=1}^{\infty} I_{n,k}$$

且

$$m^* \left(\bigcup_{n=1}^{\infty} E_n \right) \leqslant \sum_{n=1}^{\infty} \sum_{k=1}^{\infty} | I_{n,k} | < \sum_{n=1}^{\infty} \left(m^*(E_n) + \frac{\varepsilon}{2^n} \right)$$

$$= \sum_{n=1}^{\infty} m^*(E_n) + \varepsilon.$$

由 ε 的任意性得

$$m^* \left(\bigcup_{n=1}^{\infty} E_n \right) \leqslant \sum_{n=1}^{\infty} m^*(E_n).$$

证毕.

根据定理 2.2.2,我们得到下面推论:

推论 2.2.3 (有限次可加性 finite additivity) 若 $E_n \subseteq \mathbf{R}, n = 1, 2, \cdots, N_0, N_0 \in \mathbf{N}$,则

$$m^* \left(\bigcup_{n=1}^{N_0} E_n \right) \leqslant \sum_{n=1}^{N_0} m^*(E_n).$$

推论 2.2.4 零集的任何子集仍是零集.

定理 2.2.5 若 I 是一个区间,则 $m^*(I) = | I |$.

证明 (1) 当 $I = [a, b]$ 时,则 $m^*(I) = | I |$.

因为 $I \subseteq (a - \varepsilon, b + \varepsilon)$,所以 $m^*(I) \leqslant b - a + 2\varepsilon$. 因此

$$m^*(I) \leqslant | b - a |.$$

另一方面,对任意 $\varepsilon > 0$,存在一列有限开区间 $\{I_n\}_{n=1}^{\infty}$,使得

$$[a, b] \subseteq \bigcup_{n=1}^{\infty} I_n, \quad 且 \quad \sum_{n-1}^{\infty} | I_n | < m^*(I) + \varepsilon.$$

由开覆盖定理得,在 $\{I_n\}_{n=1}^{\infty}$ 中存在有限覆盖,不妨设

$$I \subseteq \bigcup_{n=1}^{N_0} I_n, \quad N_0 \in \mathbf{N}.$$

由外测度定义及单调性得

$$| I | \leqslant \sum_{n=1}^{N_0} | I \cap I_n | \leqslant \sum_{n=1}^{N_0} | I_n | \leqslant \sum_{n=1}^{\infty} | I_n | < m^*(I) + \varepsilon.$$

由 ε 的任意性得

$$|I| \leqslant m^*(I).$$

因此 $m^*(I) = |I|$.

(2) 当 $I = (a,b]$ 或 $[a,b)$ 或 (a,b) 时,则 $m^*(I) = |I|$.

对任意 $\varepsilon > 0$,作闭区间 I_1, I_2 使得

$$I_1 \subseteq I \subseteq I_2 \quad 且 \quad |I_2| - \varepsilon < |I| < |I_1| + \varepsilon.$$

则

$$|I| - \varepsilon < |I_1| = m^*(I_1) \leqslant m^*(I) \leqslant m^*(I_2) = |I_2| < |I| + \varepsilon.$$

由 ε 任意性得

$$m^*(I) = |I|.$$

(3) 当 I 是无穷区间时,则 $m^*(I) = +\infty$.

设任意有限开区间 $\{I_n\}_{n=1}^{\infty}$,使得

$$I \subseteq \bigcup_{n=1}^{\infty} I_n.$$

因为 I 是无穷区间时,所以任何有限个有限区间都覆盖不了 I,且必然有

$$\sum_{n=1}^{\infty} |I_n| = +\infty.$$

由外测度的定义得

$$m^*(I) = +\infty = |I|.$$

综上所述,对任何区间,都有

$$m^*(I) = |I|.$$

证毕.

注:定理 2.2.5 表明区间 Lebesgue 外测度与区间的长度是一致的.

2.3 Lebesgue 可测集与 Lebesgue 测度

上一节的定理 2.2.5 表明区间的 Lebesgue 外测度与它的长度是一致的,因而它是长度概念的自然拓广. 但是数学家们也列举了一些集合,它们的外测度 m^* 在 $P(\mathbf{R})$ 上不具备可数可加性. 这表明外测度 m^* 不能作为长度概念在 $P(\mathbf{R})$ 上的延伸. 我们希望去掉 $P(\mathbf{R})$ 中那些对外测度不具有可数可加性的集合,即从 $P(\mathbf{R})$ 中分出一个子集类 $L(\mathbf{R})$,使 m^* 在集类 $L(\mathbf{R})$ 上具有可数可加性,同时这个子集族包含足够广泛的集合. 首先,$\mathbf{R}$ 上区间应该在 $L(\mathbf{R})$ 内,其次,由于测度的定义知,区间的补集 F_σ 和 G_δ 都在这个集合 $L(\mathbf{R})$ 内.

这就启发我们引入可测集的概念,我们从任一集合与这类集合及其余集相交,被分成的两部分的外测度具有可数可加性入手.

定义 2.3.1 设 $E \subseteq \mathbf{R}, \forall A \subseteq \mathbf{R}$,都有

$$m^*(A) = m^*(A \bigcap E) + m^*(A \bigcap E^c), \tag{2.2}$$

则称 E 为 Lebesgue 可测集(measurable set),简称为可测集. 称 $m(E) = m^*(E)$ 为 E 的 Lebesgue 测度.

> **注**:称(2.2)式为 C- 条件(Carathéodory 条件). 下面定理 2.3.1 表明条件(2.2)与条件(2.3)等价. 读者从后面例题及定理的证明过程中可以发现用条件(2.3)判断集合 E 是不是 Lebesgue 可测集更简便.

定理 2.3.1 如果对任意 $A \subseteq \mathbf{R}$,都有

$$m^*(A) \geqslant m^*(A \bigcap E) + m^*(A \bigcap E^c), \tag{2.3}$$

则 E 为可测集.

证明 显然(2.2)⇒(2.3). 下面证(2.3)⇒(2.2).

因为 $\forall A \subseteq \mathbf{R}$,

$$A = (A \bigcap E) \bigcup (A \bigcap E^c). \tag{2.4}$$

由次可加性得

$$m^*(A) \leqslant m^*(A \bigcap E) + m^*(A \bigcap E^c).$$

由(2.3)与(2.4)式得,(2.2)式成立.因此 E 为可测集.
证毕.

定义 2.3.2 $\mathbf{R}$ 中 Lebesgue 可测集的全体记为 $L(\mathbf{R})$.

例 2.5 若 $m^*(E) = 0$,则 $E \in L(\mathbf{R})$,并且 $m(E) = 0$.

证明 根据单调性知,对任意 $A \subseteq \mathbf{R}$,都有

$$0 \leqslant m^*(A \bigcap E) \leqslant m^*(E) = 0.$$

因此

$$m^*(A \bigcap E) = 0.$$

而

$$A \supset (A \bigcap E^c).$$

这样(2.3)式成立,因此 $E \in L(\mathbf{R})$,即 $m^*(E) = 0$ 为可测集,且 $m(E) = m^*(E) = 0$.

证毕.

例 2.6 若 $E = I$ 是一区间,则 $E \in L(\mathbf{R})$,并且 $m(I) = |I|$.

证明 因为 E 是区间,所以

$$E^c = \mathbf{R} \backslash E = E_1 \bigcup E_2,$$

其中 E_1 和 E_2 是两个不相交的区间,且可能是空集.对任意 $A \subseteq \mathbf{R}$,

(1) 当 $m^*(A) = +\infty$ 时,则

$$m^*(A) \geqslant m^*(A \bigcap E) + m^*(A \bigcap E^c).$$

(2) 当 $m^*(A) < +\infty$ 时,$\forall \varepsilon > 0$,由外测度的定义知,存在一列有限开区间 $\{I_n\}_{n=1}^{\infty}$ 使得

$$A \subseteq \bigcup_{n=1}^{\infty} I_n \quad \text{且} \quad m^*(A) + \varepsilon > \sum_{n=1}^{\infty} |I_n|.$$

因为 $I_n \bigcap E$ 都是区间及 $A \bigcap E \subseteq \bigcup_{n=1}^{\infty} (I_n \bigcap E)$,所以

$$m^* (A \bigcap E) \leqslant m^* (\bigcup_{n=1}^{\infty} (I_n \bigcap E))$$

$$\leqslant \sum_{n=1}^{\infty} m^* (I_n \bigcap E)$$

$$= \sum_{n=1}^{\infty} |I_n \bigcap E|.$$

同理可证

$$m^* (A \bigcap E_1) \leqslant \sum_{n=1}^{\infty} |I_n \bigcap E_1|,$$

$$m^* (A \bigcap E_2) \leqslant \sum_{n=1}^{\infty} |I_n \bigcap E_2|.$$

对任何 n, $I_n \bigcap E$, $I_n \bigcap E_1$, $I_n \bigcap E_2$ 是三个两两不相交的区间, 因此

$$|I_n \bigcap E| + |I_n \bigcap E_1| + |I_n \bigcap E_2| = |I_n|.$$

这样

$$m^* (A \bigcap E) + m^* (A \bigcap E_1) + m^* (A \bigcap E_2) \leqslant \sum_{n=1}^{\infty} |I_n| < m^* (A) + \varepsilon.$$

因为

$$A \bigcap E^c = (A \bigcap E_1) \bigcup (A \bigcap E_2),$$

所以由次可加性得

$$m^* (A \bigcap E^c) \leqslant m^* (A \bigcap E_1) + m^* (A \bigcap E_2).$$

因此

$$m^* (A \bigcap E) + m^* (A \bigcap E^c) < m^* (A) + \varepsilon.$$

由 ε 的任意性知,(2.3)式成立,从而区间 E 为可测集,并且 $m(I) = |I|$.
证毕.

引理 2.3.2 (1) 若 $E \in L(\mathbf{R})$, 则 $E^c \in L(\mathbf{R})$. 进而 $\mathbf{R} \in L(\mathbf{R})$.

(2) 若 $E_1 \in L(\mathbf{R})$, $E_2 \in L(\mathbf{R})$, 则 $E_1 \bigcap E_2 \in L(\mathbf{R})$.

(3) 若 $E_1 \in L(\mathbf{R})$, $E_2 \in L(\mathbf{R})$, 则 $E_1 \bigcup E_2 \in L(\mathbf{R})$.

证明 （1）因为 E 是可测集，所以对任意集 $A \subseteq \mathbf{R}$，都有

$$m^*(A) \geqslant m^*(A \cap E) + m^*(A \cap E^c).$$

这样 $E^c \in L(\mathbf{R})$. 又 $\varnothing \in L(\mathbf{R})$，所以 $\mathbf{R} \in L(\mathbf{R})$.

（2）因为 E_1 是可测集，所以对任意集 $A \subseteq \mathbf{R}$，都有

$$m^*(A) \geqslant m^*(A \cap E_1) + m^*(A \cap E_1^c).$$

对于集合 $A \cap E_1$，根据 E_2 的可测集得，

$$m^*(A \cap E_1) \geqslant m^*(A \cap E_1 \cap E_2) + m^*(A \cap E_1 \cap E_2^c).$$

因此

$$m^*(A) \geqslant m^*(A \cap E_1^c) + m^*(A \cap E_1 \cap E_2) + m^*(A \cap E_1 \cap E_2^c).$$

注意到下面等式

$$(E_1 \cap E_2)^c = E_1^c \cup E_2^c$$
$$= E_1^c \cup (E_2^c \cap (E_1^c)^c)$$
$$= E_1^c \cup (E_1 \cap E_2^c).$$

所以

$$m^*(A \cap (E_1 \cap E_2)^c) \leqslant m^*(A \cap E_1^c) + m^*(A \cap E_1 \cap E_2^c).$$

因此

$$m^*(A) \geqslant m^*(A \cap (E_1 \cap E_2)) + m^*(A \cap (E_1 \cap E_2)^c).$$

所以 $E_1 \cap E_2$ 为可测集.

（3）由（1）知，E_1^c, E_2^c 是可测集. 注意到等式

$$(E_1 \cup E_2)^c = E_1^c \cap E_2^c.$$

所以 $(E_1 \cup E_2)^c$ 是可测集. 因此 $E_1 \cup E_2$ 是可测集.
证毕.

不难证明下面推论：

推论 2.3.3 设 $E_k \in L(\mathbf{R}), k = 1, 2, \cdots, n$，则

$$\bigcup_{k=1}^{n} E_k \in L(\mathbf{R}), \quad \bigcap_{k=1}^{n} E_k \in L(\mathbf{R})$$

引理 2.3.4 若 $\{E_n\}_{n=1}^{\infty}$ 是 $\mathbf{R}$ 上一列两两不相交的可测集,则

$$\bigcup_{n=1}^{\infty} E_n \in L(\mathbf{R}).$$

证明 令 $E = \bigcup_{n=1}^{\infty} E_n$. 对于任意 $A \subseteq \mathbf{R}$,用数学归纳法证明

$$m^*(A) \geqslant \sum_{i=1}^{n} m^*(A \cap E_i) + m^*(A \cap E^c), \quad \forall n \geqslant 1. \tag{2.5}$$

(1) 当 $n = 1$ 时,因为 $E^c \subseteq E_1^c$,所以

$$m^*(A) \geqslant m^*(A \cap E_1) + m^*(A \cap E_1^c)$$
$$\geqslant m^*(A \cap E_1) + m^*(A \cap E^c).$$

因此当 $n = 1$ 时,(2.5) 式成立.

(2) 假设当 $n = k$ 时,(2.5) 式成立. 即

$$m^*(A) \geqslant \sum_{i=1}^{k} m^*(A \cap E_i) + m^*(A \cap E^c).$$

当 $n = k+1$ 时,用 $A \cap E_{k+1}^c$ 代替 A,则

$$m^*(A \cap E_{k+1}^c) \geqslant \sum_{i=1}^{k} m^*((A \cap E_{k+1}^c) \cap E_i) + m^*((A \cap E_{k+1}^c) \cap E^c).$$

因为 $\{E_n\}_{n=1}^{\infty}$ 是两两不相交,从而

$$E_{k+1}^c \cap E_i = E_i, \quad i = 1, 2, \cdots, k, \quad E_{k+1}^c \cap E^c = E^c.$$

这样上式化为

$$m^*(A \cap E_{k+1}^c) \geqslant \sum_{i=1}^{k} m^*(A \cap E_i) + m^*(A \cap E^c).$$

又 E_{n+1} 是可测集,所以

$$m^*(A) \geqslant m^*(A \cap E_{n+1}) + m^*(A \cap E_{n+1}^c).$$

从而得

$$m^*(A) \geqslant \sum_{i=1}^{k+1} m^*(A \cap E_i) + m^*(A \cap E^c).$$

由数学归纳法得,(2.5)式成立.

在(2.5)式中,令 $n \to \infty$,得

$$m^*(A) \geqslant \sum_{n=1}^{\infty} m^*(A \cap E_n) + m^*(A \cap E^c).$$

而 $E = \bigcup_{k=1}^{\infty} E_k$,所以

$$\sum_{n=1}^{\infty} m^*(A \cap E_n) \geqslant m^*(A \cap E).$$

因此

$$m^*(A) \geqslant m^*(A \cap E) + m^*(A \cap E^c).$$

所以 $E = \bigcup_{k=1}^{\infty} E_k$ 是可测集.

证毕.

根据引理 2.3.2 和引理 2.3.4,我们得到:

定理 2.3.5 **R** 上可测集全体 $L(\mathbf{R})$ 是 σ-代数.

证明 (1) 由引理 2.3.2 知,若 $E \in L(\mathbf{R})$,则 $E^c \in L(\mathbf{R})$.

(2) 设 $\{E_n\}_{n=1}^{\infty}$ 是一列可测集,令

$$D_1 = E_1, D_n = E_n \Big\backslash \Big(\bigcup_{k=1}^{n-1} E_k\Big) = \bigcap_{k=1}^{n-1}(E_n \cap E_k^c).$$

由引理 2.3.2 知,D_n 是可测集,$\{D_n\}$ 是两两不相交的,并且

$$\bigcup_{n=1}^{\infty} E_n = \bigcup_{n=1}^{\infty} D_n.$$

由引理 2.3.4 得,$\bigcup_{n=1}^{\infty} D_n$ 是可测集,所以 $\bigcup_{n=1}^{\infty} E_n$ 是可测集. 因此 $L(\mathbf{R})$ 是 σ-代数.

证毕.

推论 2.3.6 **R** 中的开集和闭集都是可测集.

人们给出反例证明了 $B(\mathbf{R})$ 是 $L(\mathbf{R})$ 的真子集(proper subset),进而我们得到

推论 2.3.7 Borel 集都是可测集,且 $B(\mathbf{R}) \subsetneqq L(\mathbf{R})$.

m 满足可列可加性,即

定理 2.3.8 (可列可加性)若 $\{E_n\}_{n=1}^{\infty}$ 是 **R** 上一列两两不相交的可测集,则

$$m(\bigcup_{n=1}^{\infty} E_n) = \sum_{n=1}^{\infty} m(E_n).$$

证明　令 $A = E = \bigcup_{n=1}^{\infty} E_n$，则 $A \bigcap E^c = \varnothing$. 由引理 2.3.4 得，

$$m(E) \geqslant \sum_{n=1}^{\infty} m(E_n) + m^*(E \bigcap E^c).$$

因而

$$m(\bigcup_{n=1}^{\infty} E_n) \geqslant \sum_{n=1}^{\infty} m(E_n).$$

不等式

$$m(\bigcup_{n=1}^{\infty} E_n) \leqslant \sum_{n=1}^{\infty} m(E_n)$$

成立. 所以

$$m(\bigcup_{n=1}^{\infty} E_n) = \sum_{n=1}^{\infty} m(E_n).$$

证毕.

根据定理 2.3.8，我们可得以下推论：

推论 2.3.9　（有限可加性）若 $E_1, E_2, \cdots, E_{N_0}$ 是 **R** 上 N_0 个两两不相交的可测集，则

$$m(\bigcup_{n=1}^{N_0} E_n) = \sum_{n=1}^{N_0} m(E_n).$$

推论 2.3.10　若 $E_1 \subseteq E_2$ 是 Lebesgue 可测集，且 $m(E_2) < +\infty$，则

$$m(E_2 \backslash E_1) = m(E_2) - m(E_1).$$

证明　因为 $E_1 \subseteq E_2$，所以

$$E_2 = E_1 \bigcup (E_2 \backslash E_1),$$

且 $E_1 \bigcap (E_2 \backslash E_1) = \varnothing$. 根据推论 2.3.9，得

$$m(E_1 \bigcup (E_2 \backslash E_1)) = m(E_1) + m(E_2 \backslash E_1).$$

又 $m(E_2) < +\infty$，这样 $m(E_1) < +\infty$，所以

$$m(E_2 \backslash E_1) = m(E_2) - m(E_1).$$

证毕.

> **注**：条件 $m(E_2) < +\infty$ 不可少，例如：$E_2 = (0, +\infty), E_1 = (x_0, +\infty)$，$x_0 > 0$，则 $x_0 = m(E_2 \backslash E_1) \neq m(E_2) - m(E_1)$.

例 2.7 Cantor 完备集 C 是可测集，且 $m(C) = 0$，即 C 是零测集，进而 $C \in L(\mathbf{R})$.

证明 因为

$$C = [0, 1] \backslash (\bigcup_{n=1}^{\infty} \bigcup_{k=1}^{2^{n-1}} I_{n,k}).$$

而

$$m(\bigcup_{n=1}^{\infty} \bigcup_{k=1}^{2^{n-1}} I_{n,k}) = 1, m([0, 1]) = 1.$$

所以

$$m(C) = 0.$$

证毕.

例 2.8 设 $[a, b]$ 是 $\mathbf{R}$ 上有限区间，设 A, B 是 $[a, b]$ 的两个可测子集，则

$$m(A \bigcup B) = m(A) + m(B) - m(A \bigcap B).$$

证明 因为

$$A \bigcup B = A \bigcup [B \backslash (A \bigcap B)],$$

所以根据推论 2.3.9 和推论 2.3.10 及假设，我们得到

$$m(A \bigcup B) = m(A) + m[B \backslash (A \bigcap B)] = m(A) + m(B) - m(A \bigcap B).$$

证毕.

综上所述，我们得到

定理 2.3.11 定义在 $L(\mathbf{R})$ 上的 Lebesgue 测度 m 满足：

(1) 对任意 $E \in L(\mathbf{R})$，都有 $m(E) \geqslant 0$.

(2) 对任意区间 I，都有 $m(I) = |I|$.

(3) 设 $\{E_n\}$ 是两两不相交的可测集，则

$$m(\bigcup_{n=1}^{\infty} E_n) = \sum_{n=1}^{\infty} m(E_n).$$

定义 2.3.3　称$(\mathbf{R}, L(\mathbf{R}), m)$为测度空间(measure space).

2.4　Lebesgue 测度的基本性质

在这一节,我们先介绍集合的上限集(limit superior of a sequence of sets)和下限集(limit inferior of a sequence of sets),然后学习 Lebesgue 测度的基本性质.

定义 2.4.1　设$A_n, n = 1, 2, \cdots,$是一列集合,记

$$\varlimsup_{n \to \infty} A_n := \{x : x \text{ 属于无穷多个 } A_n\}$$

和

$$\varliminf_{n \to \infty} A_n := \{x : \text{存在 } N_0 \in \mathbf{N}, \text{当 } n > N_0 \text{ 时}, x \in A_n\}.$$

称

$$\varlimsup_{n \to \infty} A_n \text{ 为} \{A_n\}_{n=1}^{\infty} \text{ 的上限集}, \varliminf_{n \to \infty} A_n \text{ 为} \{A_n\}_{n=1}^{\infty} \text{ 的下限集}.$$

显然

$$\varliminf_{n \to \infty} \{A_n\} \subseteq \varlimsup_{n \to \infty} A_n.$$

例 2.9　设$A_{2n} = \left(0, \dfrac{1}{n}\right)$且$A_{2n+1} = \left(0, 1 + \dfrac{1}{n+1}\right),$求$\varliminf\limits_{n \to \infty} A_n$和$\varlimsup\limits_{n \to \infty} A_n.$

解　根据集合$\{A_n\}_{n=1}^{\infty}$的上限集和下限集的定义,我们得到

$$\varliminf_{n \to \infty} A_n = \varnothing, \quad \varlimsup_{n \to \infty} A_n = (0, 1].$$

关于集合$\{A_n\}_{n=1}^{\infty}$的上限集和下限集有下面等价命题:

定理 2.4.1　设$A_n, n = 1, 2, \cdots,$是一列集合,则

$$\varlimsup_{n \to \infty} A_n = \bigcap_{n=1}^{\infty} \bigcup_{k=n}^{\infty} A_k, \tag{2.6}$$

$$\varliminf_{n \to \infty} A_n = \bigcup_{n=1}^{\infty} \bigcap_{k=n}^{\infty} A_k. \tag{2.7}$$

证明 （1）$\forall\, x \in \varlimsup_{n \to \infty} A_n$，则存在子列 $n_k, k = 1, 2, \cdots$，使得

$$x \in A_{n_k}.$$

这样，对任意的 n，都有

$$x \in \bigcup_{k=n}^{\infty} A_k.$$

所以

$$x \in \bigcap_{n=1}^{\infty} \bigcup_{k=n}^{\infty} A_k.$$

因此

$$\varlimsup_{n \to \infty} A_n \subseteq \bigcap_{n=1}^{\infty} \bigcup_{k=n}^{\infty} A_k.$$

（2）如果 $x \in \bigcap_{n=1}^{\infty} \bigcup_{k=n}^{\infty} A_k$，则对所有 $n \in \mathbf{N}$，都有

$$x \in \bigcup_{k=n}^{\infty} A_k.$$

存在 $n_k, k = 1, 2, \cdots$，使得

$$x \in A_{n_k}.$$

所以

$$x \in \varlimsup_{n \to \infty} A_n.$$

即

$$\bigcap_{n=1}^{\infty} \bigcup_{k=n}^{\infty} A_k \subseteq \varlimsup_{n \to \infty} A_n.$$

由（1）和（2）得，（2.6）式成立. 同理可证（2.7）式成立.
证毕.

例 2.10 设 $A_n = \left(0, 1 - \dfrac{1}{n}\right)$，求 $\varliminf_{n \to \infty} A_n$ 和 $\varlimsup_{n \to \infty} A_n$.

解 根据定理 2.4.1，我们得到

$$\overline{\lim_{n \to \infty}} A_n = \bigcap_{n=1}^{\infty} \bigcup_{k=n}^{\infty} A_k$$

$$= \bigcap_{n=1}^{\infty} \bigcup_{k=n}^{\infty} \left(0, 1 - \frac{1}{k}\right)$$

$$= \bigcap_{n=1}^{\infty} \left(0, 1 - \frac{1}{n}\right) = (0, 1).$$

同理可求 $\varliminf_{n \to \infty} \{A_n\} = (0, 1)$.

定义 2.4.2 如果 $\varliminf_{n \to \infty} A_n = \overline{\lim_{n \to \infty}} A_n$,则称集列 $\{A_n\}_{n=1}^{\infty}$ 收敛,并将这个集合称为 $\{A_n\}_{n=1}^{\infty}$ 的极限集(limit set),记为 $\lim_{n \to \infty} A_n$.

显然下面定理成立:

定理 2.4.2 (1) 设 $A_1 \subseteq A_2 \subseteq \cdots \subseteq A_n \subseteq \cdots$,则

$$\lim_{n \to \infty} A_n = \bigcup_{n=1}^{\infty} A_n.$$

(2) 设 $A_1 \supseteq A_2 \supseteq \cdots \supseteq A_n \supseteq \cdots$,则

$$\lim_{n \to \infty} A_n = \bigcap_{n=1}^{\infty} A_n.$$

Lebesgue 测度具有下列性质:

定理 2.4.3 若 $\{E_n\}_{n=1}^{\infty}$ 是一列可测集,且满足下列条件之一:

(1) $\{E_n\}_{n=1}^{\infty}$ 是单增的,即 $E_1 \subseteq E_2 \subseteq \cdots \subseteq E_n \subseteq \cdots$.

(2) $\{E_n\}_{n=1}^{\infty}$ 是单减的,即 $E_1 \supseteq E_2 \supseteq \cdots \supseteq E_n \supseteq \cdots$,且 $m(E_1) < \infty$.

则

$$\lim_{n \to \infty} m(E_n) = m(\lim_{n \to \infty} E_n). \tag{2.8}$$

证明 (1) 因为 $\{E_n\}_{n=1}^{\infty}$ 是单增的,若 $\lim_{n \to \infty} m(E_n) = \infty$,(2.8) 式显然成立. 若 $\lim_{n \to \infty} m(E_n) < \infty$,令 $E_0 = \varnothing$,因为

$$\bigcup_{n=1}^{\infty} E_n = \bigcup_{n=1}^{\infty} (E_n \backslash E_{n-1}),$$

注意到 $\{E_n \backslash E_{n-1}\}_{n=1}^{\infty}$ 是两两不相交的. 从而由测度的可数可加性知,

$$m(\lim_{n\to\infty}E_n) = m(\bigcup_{n=1}^{\infty}E_n)$$

$$= m(\bigcup_{n=1}^{\infty}(E_n\backslash E_{n-1}))$$

$$= \sum_{n=1}^{\infty}m(E_n\backslash E_{n-1})$$

$$= \sum_{n=1}^{\infty}m(E_n)-m(E_{n-1})$$

$$= \lim_{n\to\infty}m(E_n).$$

(2) 令 $D_n := E_1\backslash E_n$. 因为 $\{E_n\}_{n=1}^{\infty}$ 是单减的,则 $\{D_n\}_{n=1}^{\infty}$ 是单增的,由(1) 得

$$m(\lim_{n\to\infty}D_n) = \lim_{n\to\infty}m(D_n).$$

因为

$$\lim_{n\to\infty}D_n = \bigcup_{n=1}^{\infty}(E_1\backslash E_n) = E_1\backslash\lim_{n\to\infty}E_n.$$

所以

$$m(E_1)-m(\lim_{n\to\infty}E_n) = m(\lim_{n\to\infty}D_n)$$

$$= m(E_1)-\lim_{n\to\infty}m(E_n).$$

因此

$$m(\lim_{n\to\infty}E_n) = \lim_{n\to\infty}m(E_n).$$

证毕.

例 2.11 令 $E_n = (n,+\infty), n = 1,2,\cdots$,显然 $\{E_n\}_{n=1}^{\infty}$ 是单调减的,因此

$$\lim_{n\to\infty}E_n = \varnothing.$$

但

$$\lim_{n\to\infty}m(E_n) = +\infty \neq 0 = m(\lim_{n\to\infty}E_n).$$

注:(1) 例 2.10 说明在定理 2.4.3(2) 中,条件 $m(E_1) < +\infty$ 不可少.

(2) 称定理 2.4.3 为测度的连续性(continuity in measure),它在第 4 章的主要定理证明过程中起着重要作用.

定理 2.4.4　下面条件等价:

(1) E 是可测集.

(2) $\forall \varepsilon > 0$, $\exists$ 开集 $G, E \subset G$, 使得 $m^*(G \backslash E) < \varepsilon$.

(3) $\forall \varepsilon > 0$, $\exists$ 闭集 $F, F \subset E$, 使得 $m^*(E \backslash F) < \varepsilon$.

证明　$(1) \Rightarrow (2)$, 即设 (1) 成立, 证明 (2). 分两步证明:

(i) 先设 $m(E) < \infty$, 于是存在测度有限开区间 $\{I_n\}_{n=1}^\infty$, 使得

$$E \subseteq \bigcup_{n=1}^\infty I_n, \quad 且 \quad m(E) + \varepsilon > \sum_{n=1}^\infty |I_n|.$$

令 $G = \bigcup\limits_{n=1}^\infty I_n$, 则 G 是开集, $E \subset G$, 且 $m(G) \leqslant \sum\limits_{n=1}^\infty |I_n| < m(E) + \varepsilon$, 由此易知

$$m(G \backslash E) < \varepsilon,$$

即当 $m(E) < \infty$ 时, (2) 成立.

(ii) $\forall E$, 令 $E_n = E \cap [n, n+1)$, $n \in \mathbf{Z}$, 则 $\{E_n\}_{n=-\infty}^\infty$ 是测度有限的且两两不相交的可测集列, 使得

$$E = \bigcup_{n=-\infty}^{+\infty} E_n.$$

由 (i) 得, $\forall E_n$, $\exists G_n$ 且 $m(G_n \backslash E_n) < \dfrac{\varepsilon}{2^{|n|+2}}$. 令

$$G = \bigcup_{n=-\infty}^{+\infty} G_n.$$

则 G 是开集,

$$G \supseteq \bigcup_{n=-\infty}^{+\infty} E_n = E.$$

另一方面

$$\bigcup_{n=-\infty}^{+\infty} G_n \backslash (\bigcup_{n=-\infty}^{+\infty} E_n) \subseteq \bigcup_{n=-\infty}^{+\infty} (G_n \backslash E_n),$$

且

$$m(G \backslash E) \leqslant \sum_{n=-\infty}^{+\infty} m(G_n \backslash E_n) < \sum_{n=-\infty}^{+\infty} \frac{\varepsilon}{2^{|n|+2}} < \varepsilon.$$

这样(1)⇒(2).

下证(1)⇒(3). 因为 E 是可测集,则 E^c 也是可测集. 由(1)⇒(2) 得,$\exists E^c \subseteq G$,使 $m(G \setminus E^c) < \varepsilon$. 但 $G \setminus E^c = G \cap E = E \setminus G^c$,所以 $m(E \setminus G^c) < \varepsilon$,而 $F = G^c \subseteq E$ 中的闭集,因此(3) 成立.

反之,设(2) 成立,$\forall n \geqslant 1$,$\exists E \subseteq G_n$ 使得

$$m^*(G_n \setminus E) < \frac{1}{n}.$$

令

$$G = \bigcap_{n=1}^{\infty} G_n,$$

则 $G \supseteq E$ 且 G 为可测集. $\forall n \geqslant 1$,$G \setminus E \subseteq G_n \setminus E$,$m^*(G \setminus E) \leqslant m^*(G_n \setminus E) < \frac{1}{n}$. 这样

$$m^*(G \setminus E) = 0,$$

从而 $G \setminus E$ 是可测的,于是 $E = G \setminus (G \setminus E)$ 是可测的. 即(2)⇒(1).

证明(3)⇒(1). $\forall n \geqslant 1$,有闭集 $F_n \subseteq E$ 使得

$$m^*(E \setminus F_n) < \frac{1}{n}.$$

令 $F = \bigcup_{n=1}^{\infty} F_n$,则 $F \subseteq E$,且为可测集,此外 $\forall n$,$E \setminus F \subset E \setminus F_n$,所以

$$m^*(E \setminus F) \leqslant m^*(E \setminus F_n) < \frac{1}{n}.$$

这样 $m^*(E \setminus F) = 0$,故 $E \setminus F$ 是可测集. $E = F \cup (E \setminus F)$ 是可测集. 证毕.

注:定理 2.4.4 说明可测集可以用开集或闭集来逼近.

根据定理 2.4.4,不难证明以下推论。

推论 2.4.5 下面条件等价:

(1) E 是可测集.

(2) $\forall \varepsilon > 0$,$\exists$ 闭集 F 和开集 G,使得 $F \subseteq E \subseteq G$ 且 $m(G \setminus F) < \varepsilon$.

(3) 存在 G_δ 的集 G,使得 $E \subseteq G$,且 $m^*(G \setminus E) = 0$.

(4) 存在 F_σ 的集 F,使得 $F \subseteq E$,且 $m^*(E \setminus F) = 0$.

这个推论表明任何可测集与 G_δ 型集或 F_σ 型集相差一个测度为零的集.

综上所述,我们得到 **R** 上 Lebesgue 测度,它是 Lebesgue 积分的基础. 类似于 **R** 上 Lebesgue 测度,我们也可以建立 $\mathbf{R}^n$ 上乘积测度.

习题 2

1. 设 A 是 $[0,1]$ 区间上全体无理数集合,证明 $m^*(A) = 1$.

2. 如果 $m^*(A) = 0$,则对任一集合 B,$m^*(A \bigcup B) = m^*(B)$.

3. 设 $A_{2n-1} = \left(0, \dfrac{1}{n}\right)$,$A_{2n} = (0, n)$,$n = 1, 2, 3, \cdots$,试求集合列 $\{A_n\}_{n=1}^\infty$ 的上限集 $\varliminf_{n\to\infty} A_n$ 和下限集 $\varlimsup_{n\to\infty} A_n$.

4. 设 $\{A_n\}_{n=1}^\infty$ 是一列可测集,且 $\sum\limits_{n=1}^\infty m(A_n) < +\infty$,证明

$$m(\varlimsup_{n\to\infty} A_n) = m(\varliminf_{n\to\infty} A_n) = 0.$$

5. 设 $S_1, S_2, \cdots, S_n$ 是互不相交的可测集,又 $A_k \subseteq S_k$,$k = 1, 2, \cdots, n$. 证明

$$m^*\left(\bigcup_{k=1}^n A_k\right) = \sum_{k=1}^n m^*(A_k).$$

6. 设可测集 $E \subseteq [a, b]$,定义函数 $f: [a, b] \to \mathbf{R}$ 为

$$f(x) := m([a, x] \bigcap E),$$

证明 f 是 $[a, b]$ 上的连续函数.

7. 将 $(0, 1)$ 中的数用十进位小数展开,求下列点集 E 的测度 $m(E)$.

(1) E 是在指定小数位置上是数字 4 的点的全体;

(2) E 是在指定两个小数位置上都是已给定的数字的全体.

8. 设 $\{A_n\}_{n=1}^\infty$ 是 $[0, 1]$ 上测度为 1 的一列可测集,则

$$m\left(\bigcap_{k=1}^n A_k\right) = 1.$$

9. 设 A, B 是 **R** 上两个可测集,且 $m(B) < \infty$,则

$$m(A \bigcup B) = m(A) + m(B) - m(A \bigcap B).$$

3 可测函数

为了引进新积分,建立新的积分理论,我们还要给出可测函数的基本概念 (measure function),并证明一些简单的性质.可测函数与 Lebesgue 积分密切相关,也是 Lebesgue 积分理论的基础.

3.1 可测函数的定义及性质

我们引进广义实数集

$$\hat{\mathbf{R}}: = \mathbf{R} \bigcup \{\pm\infty\}.$$

规定有限实数 $a \in \mathbf{R}$ 与 $\pm\infty$ 四则运算满足交换律、结合律,且

$$a + (\pm\infty) = a - (\mp\infty) = \pm\infty,$$

$$a \times (\pm\infty) = \begin{cases} \pm\infty, & a > 0, \\ 0, & a = 0, \\ \mp\infty, & a < 0, \end{cases}$$

$$\frac{a}{\pm\infty} = 0.$$

还规定

$$(+\infty) + (+\infty) = +\infty, \quad (-\infty) + (-\infty) = -\infty,$$

$$(+\infty) \times (+\infty) = (-\infty) \times (-\infty) = +\infty,$$

$$(+\infty) \times (-\infty) = (-\infty) \times (+\infty) = -\infty.$$

我们还要避开下面运算,例如

$$(+\infty)-(+\infty), \quad (-\infty)-(-\infty), 等,$$

$$\frac{+\infty}{+\infty}, \quad \frac{-\infty}{+\infty}, \quad \frac{\pm\infty}{0}, 等.$$

定义 3.1.1 设 $E \in L(\mathbf{R})$, 函数 $f: E \to \hat{\mathbf{R}}$, 称为 E 上广义实值函数.

定义 3.1.2 设函数 $f: E \to \hat{\mathbf{R}}$ 为 E 上广义实值函数. $\forall \alpha \in \mathbf{R}$, 集合

$$E(f > \alpha) := \{x : f(x) > \alpha, x \in E\}$$

是 Lebesgue 可测集, 则称 f 是 E 上的 Lebesgue 可测函数, 简称为可测函数, 或 f 在 E 上可测. 所有 E 上的 Lebesgue 可测函数的全体记为 $\mathcal{M}(E)$.

例 3.1 (1) 设 $f(x) \equiv c, x \in \mathbf{R}, c$ 为常数, 则 f 是 $\mathbf{R}$ 上可测函数.

(2) 设 f 是 $\mathbf{R}$ 上的连续函数, 则 f 是 $\mathbf{R}$ 上可测函数.

(3) 设可测集 $E \subseteq \mathbf{R}$, $\chi_E(x)$ 是可测集 E 上的示性函数(indicator function), 即

$$\chi_E(x) = \begin{cases} 1, & x \in E, \\ 0, & x \notin E, \end{cases}$$

则 χ_E 是 $\mathbf{R}$ 上可测函数.

证明 (1) $\forall \alpha \in \mathbf{R}$, 因为

$$\mathbf{R}(f > \alpha) = \begin{cases} \varnothing, & \alpha \geqslant c, \\ \mathbf{R}, & \alpha < c, \end{cases}$$

所以 $f(x) \equiv c$ 是可测函数.

(2) $\forall \alpha \in \mathbf{R}$, 不难证明 $E(f \leqslant \alpha)$ 是闭集, 所以 $E(f > \alpha) = E \backslash E(f \leqslant \alpha)$ 是开集, 所以 $\mathbf{R}$ 上的连续函数 f 是可测函数.

(3) $\forall \alpha \in \mathbf{R}$, 因为 E 为可测集, 则

$$E(\chi_E > \alpha) = \begin{cases} \varnothing, & \alpha \geqslant 1, \\ E, & 0 \leqslant \alpha < 1, \\ \mathbf{R}, & \alpha < 0, \end{cases}$$

所以 χ_E 是 $\mathbf{R}$ 上可测函数.

定理 3.1.1 设 $f(x)$ 是定义在可测集 E 上的广义实值函数, 则下列关系成立

(1) $E(f \geqslant \alpha) = \bigcap\limits_{n=1}^{\infty} E\left(f > \alpha - \dfrac{1}{n}\right)$;

(2) $E(f < \alpha) = E \backslash E(f \geqslant \alpha)$;

(3) $E(f \leqslant \alpha) = \bigcap\limits_{n=1}^{\infty} E\left(f < \alpha - \dfrac{1}{n}\right)$;

(4) $E(f > \alpha) = E \backslash E(f \leqslant \alpha)$.

证明 我们只证(1)成立,其余请读者自证.

(1) 设 $x \in E(f \geqslant \alpha)$,则 $f(x) \geqslant \alpha > \alpha - \dfrac{1}{n}$,对一切 $n \in \mathbf{N}$ 成立. 从而

$$x \in \bigcap\limits_{n=1}^{\infty} E\left(f > \alpha - \dfrac{1}{n}\right).$$

另外,若 $x \notin E(f \geqslant \alpha)$,则 $f(x) < \alpha$. 取充分大的 $n_0 \in \mathbf{N}$,使得 $\dfrac{1}{n_0} < \alpha - f(x)$. 这样

$$f(x) < \alpha - \dfrac{1}{n_0}.$$

即 $x \notin E\left(f > \alpha - \dfrac{1}{n_0}\right)$. 所以 $x \notin \bigcap\limits_{n=1}^{\infty} E\left(f > \alpha - \dfrac{1}{n}\right)$. 因此(1)成立.
证毕.

根据定理 3.1.1,可以得到以下定理。

定理 3.1.2 设 f 是可测集 E 上的广义实值函数,则下面 4 个命题等价:

(1) f 是 E 上可测函数;

(2) $\forall \alpha \in \mathbf{R}, E(f \geqslant \alpha)$ 是可测集;

(3) $\forall \alpha \in \mathbf{R}, E(f < \alpha)$ 是可测集;

(4) $\forall \alpha \in \mathbf{R}, E(f \leqslant \alpha)$ 是可测集.

证明 (1)$\Rightarrow$(2) 由定理 3.1.1 知

$$E(f \geqslant \alpha) = \bigcap\limits_{n=1}^{\infty} E\left(f > \alpha - \dfrac{1}{n}\right).$$

(2)$\Rightarrow$(3) 显然.

(3)$\Rightarrow$(4) 由定理 3.1.1 知

$$E(f \leqslant \alpha) = \bigcap_{n=1}^{\infty} E\left(f < \alpha - \frac{1}{n}\right).$$

(4) ⇒(1) 显然.

证毕.

例 3.2　设 $f(x)$ 是 $[a,b]$ 上单调函数,则 $f(x)$ 是 $[a,b]$ 上可测函数.

证明　不妨设 $f(x)$ 是 $[a,b]$ 上单调增加函数,令 $E = [a,b]$. 则 $\forall \alpha \in \mathbf{R}$,都有

$$E(f > \alpha) = \begin{cases} \varnothing, & \alpha \geqslant f(b), \\ (\beta,b] \text{ 或} [\beta,b], & f(a) \leqslant \alpha < f(b), \\ [a,b], & \alpha < f(a), \end{cases}$$

其中 $\beta := \inf\{x : f(x) > \alpha\}$. 所以 $E(f > \alpha)$ 是可测集,因此 $f(x)$ 是 $[a,b]$ 上可测函数.

定理 3.1.3　设函数 f, g 都是可测集 E 上的可测函数,则

(1) 集合 $E(f = \lambda), E(\alpha < f < \beta), E(\alpha \leqslant f < \beta), E(\alpha \leqslant f \leqslant \beta), E(\alpha < f \leqslant \beta)$ 都是可测集,其中 $-\infty \leqslant \alpha < \beta \leqslant \infty, \lambda$ 是广义实数.

(2) $E(f > g)$ 是可测集.

证明　(1) 当 λ 为实数时,$E(f = \lambda) = E(f \geqslant \lambda) \backslash E(f > \lambda)$ 是可测集. 我们证明

$$E(f = +\infty) = \bigcap_{n=1}^{\infty} E(f > n).$$

若 $x \in E(f = +\infty)$,则

$$f(x) = +\infty > n, \quad \forall n \in \mathbf{N}.$$

从而

$$x \in \bigcap_{n=1}^{\infty} E(f > n).$$

所以

$$E(f = +\infty) \subseteq \bigcap_{n=1}^{\infty} E(f > n).$$

若 $x \in \bigcap\limits_{n=1}^{\infty} E(f > n)$，则对一切 $n \in \mathbf{N}$

$$f(x) > n.$$

令 $n \to +\infty$，得 $f(x) = +\infty$，即 $x \in E(f = +\infty)$. 所以

$$\bigcap_{n=1}^{\infty} E(f > n) \subseteq E(f = +\infty).$$

这样

$$E(f = +\infty) = \bigcap_{n=1}^{\infty} E(f > n).$$

因此 $E(f = +\infty)$ 是可测集. 其余类似可证. 证毕.

(2) 设 $\mathbf{Q}_{:} = \{r_n\}_{n \geqslant 1}$，则

$$E(f > g) = \bigcup_{n=1}^{\infty} [E(f > r_n) \cap E(g < r_n)],$$

所以 $E(f > g)$ 是可测集.

证毕.

定理 3.1.4 设 $\{f_n(x)\}_{n=1}^{\infty}$ 是可测集 E 上的一列可测函数，则下列函数

$$\sup_{n \geqslant 1} f_n(x), \ \inf_{n \geqslant 1} f_n(x), \quad \varlimsup_{n \to \infty} f_n(x), \quad \varliminf_{n \to \infty} f_n(x)$$

都是可测函数.

证明 $\forall \alpha \in \mathbf{R}$，都有

$$E(\sup_{n \geqslant 1} f_n(x) > \alpha) = \bigcup_{n=1}^{\infty} E(f_n > \alpha), \quad E(\inf_{n \geqslant 1} f_n(x) < \alpha) = \bigcup_{n=1}^{\infty} E(f_n < \alpha).$$

这样 $\sup\limits_{n \geqslant 1} f_n(x)$ 和 $\inf\limits_{n \geqslant 1} f_n(x)$ 是可测函数. 因为

$$\varlimsup_{n \to \infty} f_n(x) = \inf_{n \geqslant 1} \sup_{k \geqslant n} f_k(x),$$

$$\varliminf_{n \to \infty} f_n(x) = \sup_{n \geqslant 1} \inf_{k \geqslant n} f_k(x).$$

所以

$$\sup_{n \geqslant 1} f_n(x), \ \inf_{n \geqslant 1} f_n(x), \quad \varlimsup_{n \to \infty} f_n(x) \quad 及 \quad \varliminf_{n \to \infty} f_n(x)$$

也都是可测函数.

证毕.

注:$\max\{f(x),g(x)\}$ 和 $\min\{f(x),g(x)\}$ 均为可测函数.

进而,我们得到:

推论 3.1.5 设 $\{f_n(x)\}_{n=1}^{\infty}$ 是可测集 E 上的一列可测函数,且

$$\lim_{n\to\infty} f_n(x) = f(x),$$

则 $f(x)$ 是 E 上可测函数.

定义 3.1.3 如果一个命题 $P(x)$ 在除去一个零测集以外的地方都成立,则称该命题 $P(x)$ 是几乎处处(almost everywhere) 成立的,简记为 $P(x)$a. e..

例 3.3 (1) 若 $\sin x = 0$,则 $x = k\pi, k \in \mathbf{Z}$,所以 $\sin x \overset{\text{a.e.}}{\neq} 0$.

(2) Dirichlet 函数 $D(x) \overset{\text{a.e.}}{=} 0$.

由于函数的可测性不受一个测度为零集上值的影响,上面推论中的条件改为

$$\lim_{n\to\infty} f_n(x) \overset{\text{a.e.}}{=} f(x),$$

则极限函数 $f(x)$ 仍是 E 上可测函数.

3.2 可测函数的其他性质

定义 3.2.1 若 f 是可测集 E 上的一个可测函数,且 $f(E) = \{a_1, a_2, \cdots, a_{N_0}\}$,则称 f 为 E 上的简单函数(simple function). 此时令 $E_k := E(f = a_k)$,则 E_k 都是可测集,且 $f(x)$ 可以表示为

$$f(x) = \sum_{k=1}^{N_0} a_k \chi_k(x),$$

其中 $\chi_k(x)$ 是 E_k 的示性函数.

例 3.4 $\mathbf{R}$ 上的 Dirichlet 函数 $D(x)$ 是简单函数,且 $D(x) = \chi_{\mathbf{Q}}(x)$.

显然 f, g 是简单函数,则 $\alpha f + \beta g$ 及 fg 仍是简单函数,$\alpha, \beta \in \mathbf{R}$. 接下来我们介绍 E 上任何可测函数都是某一简单函数列的极限,即定理 3.2.1.

定理 3.2.1 设 f 是可测集 E 上的可测函数,则存在 E 上的简单函数列 $\{f_n(x)\}_{n=1}^{\infty}$,使得 $\forall x \in E, \{f_n(x)\}_{n=1}^{\infty}$ 收敛于 $f(x)$. 此外

(1) 当 f 非负时,$\forall x \in E, \{f_n(x)\}_{n=1}^{\infty}$ 单调增加收敛于 $f(x)$;

(2) 当 f 有界时,$\{f_n(x)\}_{n=1}^{\infty}$ 在 E 上一致收敛于 $f(x)$.

证明 我们运用构造的方法证明这个定理. $\forall n \geqslant 1$,令

$$f_n(x) = \begin{cases} n, & f(x) \geqslant n, \\ \dfrac{k-1}{2^n}, & \dfrac{k-1}{2^n} \leqslant f(x) < \dfrac{k}{2^n}, \quad k = -n \cdot 2^n + 1, -n \cdot 2^n + 2, \cdots, n \cdot 2^n, \\ -n, & f(x) < -n. \end{cases}$$

显然 $\{f_n(x)\}_{n=1}^{\infty}$ 是 E 上的简单函数列.

若 $f(x) = +\infty$,则 $\forall n \geqslant 1, f_n(x) = n$,从而 $f_n(x) \to f(x)$;

若 $f(x) = -\infty$,则 $\forall n \geqslant 1, f_n(x) = -n$,从而 $f_n(x) \to f(x)$;

若 $f(x) \in \mathbf{R}$,当 n 充分大时,存在唯一的 k_n 使得 $-n \cdot 2^n + 1 \leqslant k_n \leqslant n \cdot 2^n$, 并且

$$\frac{k_n - 1}{2^n} \leqslant f(x) < \frac{k_n}{2^n},$$

于是 $f_n(x) = \dfrac{k_n - 1}{2^n}$,所以

$$0 \leqslant f(x) - f_n(x) < \frac{1}{2^n}.$$

综上所述,我们得到

$$\lim_{n \to \infty} f_n(x) = f(x).$$

(1) 当 $f(x) \geqslant 0$ 时,若 $f(x) = +\infty$,则 $f_n(x) = n$,显然 $\{f_n(x)\}_{n=1}^{\infty}$ 是单增的.

若 $f(x) < +\infty$,设 $n_0 \leqslant f(x) < n_0 + 1$,这里 $n_0 \geqslant 0$.

(i) 当 $1 \leqslant n \leqslant n_0$ 时,则 $f(x) \geqslant n_0 \geqslant n, f_n(x) = n, \{f_n(x)\}_{1 \leqslant n \leqslant n_0}$ 是单增的.

(ii) 当 $n > n_0$ 时,存在唯一的 $k, 1 \leqslant k \leqslant n \cdot 2^n$ 使得

$$f_{n_0}(x) = n_0 \leqslant \frac{k-1}{2^n} \leqslant f(x) < \frac{k}{2^n}.$$

于是,由$\{f_n(x)\}_{n=1}^\infty$的定义易知$f_{n+1}(x) \geqslant f_n(x) \geqslant f_{n_0}(x)$,这样$\{f_n(x)\}_{n=1}^\infty$是单增的.

(2) 若$f(x)$有界,即$\forall x \in E$,都有$|f(x)| \leqslant M$. 当$n > M$时,$E(f \geqslant n)$及$E(f < -n)$都是空集,所以

$$|f_n(x) - f(x)| < \frac{1}{2^n}, \quad \forall x \in E.$$

于是$\{f_n(x)\}_{n=1}^\infty$一致收敛于$f(x)$.

证毕.

根据定理 3.1.4 的推论和定理 3.2.1,我们得到定理 3.2.2.

定理 3.2.2 设f是定义在可测集E上,则f是可测集E上的可测函数的充要条件是存在E上的简单函数列$\{f_n(x)\}_{n=1}^\infty$,使得$\forall x \in E$,$\{f_n(x)\}_{n=1}^\infty$收敛于$f(x)$.

> **注:**(1) 当$m(D) = 0$时,如果f在$E \backslash D$上可测,则f在E上也可测.
>
> (2) 设f, g都是可测函数,若$f(x) = \infty, g(x) = -\infty$,和$f(x) = -\infty$,$g(x) = +\infty$,则$f + g$就没有意义.如果$f + g$在没有意义点的全体是零测集,我们同样讨论$f + g$的可测性.以下相关定理是在没有意义的点全体是零测集的意义下讨论的,我们不再赘述,请读者注意区分.

定理 3.2.3 (四则运算性质)设f, g都是可测函数,则

(1) $f + g, f - g$是可测函数.

(2) fg是可测函数.特别地,kf是可测函数,$k \in \mathbf{R}$.

(3) $\dfrac{f}{g}$是可测函数($g(x) \neq 0$, $\forall x \in E$).

证明 (1) 因为f, g都是可测函数,所以根据定理 3.2.1 知,存在简单函数列$\{f_n(x)\}_{n=1}^\infty$和$\{g_n(x)\}_{n=1}^\infty$使得

$$\lim_{n \to \infty} f_n(x) = f(x) \quad 和 \quad \lim_{n \to \infty} g_n(x) = g(x).$$

显然$f_n \pm g_n$是简单函数,且

$$\lim_{n \to \infty}(f_n(x) \pm g_n(x)) = f(x) \pm g(x).$$

由推论 3.1.5 知，$f \pm g$ 是 E 上的可测函数.

（2）类似（1），可以证明 fg 是 E 上的可测函数.

（3）$\forall \alpha \in \mathbf{R}$，则

$$E\left(\frac{1}{g} > \alpha\right) = \begin{cases} E\left(g < \frac{1}{\alpha}\right) \bigcap E(g > 0), & \alpha > 0, \\ E(g > 0) \backslash E(g = +\infty), & \alpha = 0, \\ E(g > 0) \bigcup E\left(g < \frac{1}{\alpha}\right), & \alpha < 0. \end{cases}$$

因此 $\dfrac{1}{g}$ 是可测函数. 根据（2）知，$\dfrac{f}{g}$ 是可测函数.

证毕.

例 3.5　若 f 是可测集 E 上的一个可测函数，且 $f \overset{\text{a.e.}}{=} g$，则 g 也是 E 上的可测函数.

证明　令

$$h(x) := g(x) - f(x),$$

$$A := \{x : h(x) \neq 0, x \in E\},$$

则 $m(A) = 0$. $\forall \alpha \in \mathbf{R}$ 记

$$\begin{cases} B := \{x : h(x) > \alpha \quad x \in E\}, & \alpha \geqslant 0, \\ C := \{x : h(x) \leqslant \alpha, \quad x \in E\}, & \alpha < 0. \end{cases}$$

显然 $B \subseteq A$ 和 $C \subseteq A$. 这样 $m(B) = m(C) = 0$. 所以

$$E(h > \alpha) = \begin{cases} B, & \alpha \geqslant 0, \\ E \backslash C, & \alpha < 0. \end{cases}$$

因此 h 是 E 上的可测函数. 所以 $g = h + f$ 也是 E 上的可测函数.

证毕.

例 3.6　设 $D(x)$ 是 $\mathbf{R}$ 上的 Dirichlet 函数，则 $D(x)$ 是 $\mathbf{R}$ 上的可测函数.

解　因为 $D(x) \overset{\text{a.e.}}{=} 0$，所以 $D(x)$ 是 $\mathbf{R}$ 上的可测函数.

根据推论 3.1.5 的及例 3.5，得到：

定理 3.2.4 设 $\{f_n(x)\}_{n=1}^{\infty}$ 是可测集 E 上的一列可测函数,且

$$\lim_{n\to\infty} f_n(x) \overset{a.e.}{=} f(x),$$

则 $f(x)$ 是 E 上可测函数.

3.3 可测函数的连续函数逼近

定义 3.3.1 设 $E \subseteq \mathbf{R}, x_0 \in E$,函数 $f: E \to \mathbf{R}$. 如果对任意 $\varepsilon > 0$,存在 $\delta > 0$,当 $x \in U(x_0, \delta) \bigcap E$ 时,都有

$$|f(x) - f(x_0)| < \varepsilon,$$

则称 $f(x)$ 在 x_0 点连续. 如果在 E 上每点都连续就称 $f(x)$ 在 E 上连续.

类似与数学分析中的 Heine 定理的证明,我们得到定理 3.3.1.

定理 3.3.1 设 $E \subseteq \mathbf{R}, x \in E$,函数 $f: E \to \mathbf{R}$. 如果对于 E 中任意点列 $\{x_n\}_{n=1}^{\infty}$ 收敛于 x_0,都有

$$\lim_{x_n \to x_0} f(x) = f(x_0).$$

则 $f(x)$ 在 x_0 点连续.

例 3.7 (1) 设 x_0 是 E 的孤立点,则函数 $f(x)$ 必定在 x_0 点连续.

(2) 设函数 $f(x)$ 是 $\mathbf{R}$ 上连续函数,则 $f(x)$ 必定是 E 上连续函数.

(3) Dirichlet 函数 $D(x)$ 在 $E \subseteq \mathbf{Q}$ 或 $E \subseteq \mathbf{Q}^c$ 上连续.

定理 3.3.2 可测集 E 上连续函数是可测函数.

证明 $\forall x \in E(f > \alpha)$,则 $f(x) > \alpha$,由连续函数的保号性得,$\exists U(x, \delta)$ 使得

$$当 \ x \in U(x, \delta) \ 时, \quad f(x) > \alpha.$$

因而

$$U(x, \delta) \bigcap E \subset E(f > \alpha).$$

令

$$G = \bigcup \{U(x, \delta) \mid x \in E(f > \alpha)\}.$$

则 $E(f > \alpha) \subset G$, 于是

$$E(f > \alpha) \subset G \cap E = \bigcup_x (U(x, \delta) \cap E) \subset \bigcup (U(x, \delta) \cap E) \subset E(f > \alpha).$$

所以

$$E(f > \alpha) = G \cap E.$$

这样连续函数 f 是可测集 E 上的可测函数.

证毕.

定理 3.3.3 设 F 是有界闭集, $\{f_n\}_{n=1}^\infty$ 是 F 上一列连续函数, 若 $\{f_n\}_{n=1}^\infty$ 在 F 上一致收敛于 f, 则 f 也是 F 上连续函数.

定义 3.3.2 设 f 和 $\{f_n\}_{n=1}^\infty$ 都是可测集 E 上几乎处处有限的可测函数, $\forall \delta > 0$, 存在 $E_\delta \subset E$ 使得 $m(E \backslash E_\delta) < \delta$ 且在 E_δ 上 $\{f_n\}_{n=1}^\infty$ 一致收敛 (uniform convergence) 于 f, 则称 $\{f_n\}_{n=1}^\infty$ 在 E 上几乎一致收敛 (almost uniform convergence) 于 f.

例 3.8 设 $\mathbf{Q} = \{r_n\}_{n=1}^\infty$, $D(x)$ 是 $\mathbf{R}$ 上 Dirichlet 函数. 令

$$f_n(x) := \begin{cases} D(x), & x \neq r_n, \\ 0, & x = r_n, \end{cases}$$

则 $\{f_n(x)\}_{n=1}^\infty$ 在 $\mathbf{R}$ 上几乎一致收敛于 0.

定理 3.3.4 (Egorov 定理) 设 f 和 $f_n (n \geq 1)$ 都是测度有限的集 E 上的几乎处处有限的可测函数, 若 $\{f_n\}_{n=1}^\infty$ 在 E 上几乎处处收敛于 f, 则 $\forall \varepsilon > 0$, $\exists$ 闭集 F, 使得 $m(E \backslash F) < \varepsilon$, 并 $\{f_n\}_{n=1}^\infty$ 在 F 上一致收敛于 f, 即 $\{f_n\}_{n=1}^\infty$ 在 E 上几乎一致收敛于 f.

证明 令

$$E_1 = \{x \in E : f_n(x), f(x) \text{ 都有限且} \lim_{n \to \infty} f_n(x) = f(x)\},$$

则 $m(E_1) = m(E)$. 令

$$A_n^{(r)} = \bigcap_{r=1}^\infty \left[\bigcap_{k=n}^\infty E_1 \left(| f_k(x) - f(x) | < \frac{1}{r} \right) \right],$$

对固定 $r \geq 1$, $\{A_n^{(r)}\}_{n=1}^\infty$ 是单调增加的, 且 $\bigcup_{n=1}^\infty A_n^{(r)} = E_1$, 即

$$\lim_{n \to \infty} A_n^{(r)} = E_1.$$

因此由测度连续性质及定理条件 $m(E)<\infty$,存在 n_r,使得

$$m(E_1\backslash A_{n_r}^{(r)})<\frac{\varepsilon}{2^{r+1}}, \quad r=1,2,\cdots,$$

且 $\{f_n\}_{n=1}^{\infty}$ 在 $D=\bigcap\limits_{r=1}^{\infty}A_{n_r}^{(r)}$ 上一致收敛于 f. 此外

$$m(E\backslash D)=m(E_1\backslash D)=m(\bigcup\limits_{r=1}^{\infty}E_1\backslash A_{n_r}^{(r)})$$

$$\leqslant\sum\limits_{r=1}^{\infty}m(E_1\backslash A_{n_r}^{(r)})<\sum\limits_{r=1}^{\infty}\frac{\varepsilon}{2^{r+1}}=\frac{\varepsilon}{2}.$$

取 D 的闭子集 F 使得

$$m(D\backslash F)<\frac{\varepsilon}{2}.$$

则 $\{f_n\}_{n=1}^{\infty}$ 在 F 上一致收敛于 f,且 $m(E\backslash F)\leqslant m(E\backslash D)+m(D\backslash F)<\varepsilon$.
证毕.

> **注**:(1) Egorov 定理中的测度有限不可少. 如设 $f_n=\chi_n[n,\infty)$,$f=0$,则 $f_n\to f$,但不存在闭集 F,使得 $m(\mathbf{R}\backslash F)<1$,而在 F 上 $\{f_n\}_{n=1}^{\infty}$ 一致收敛于 f.
>
> (2) Egorov 定理的逆定理也成立. Egorov 定理和逆定理表明在 $m(E)<+\infty$ 的条件下,几乎处处收敛与几乎一致收敛是等价的.

引理 3.3.5　设 F 是 $\mathbf{R}$ 中的闭集,f 是 F 上连续函数,则 f 可以延拓成 $\mathbf{R}$ 上的连续函数 f^*,且

$$\sup\limits_{x\in\mathbf{R}}|f^*(x)|=\sup\limits_{x\in F}|f(x)|.$$

证明　因为 F 是 $\mathbf{R}$ 中的闭集,所以 F^c 是 $\mathbf{R}$ 中的开集. 因此

$$F^c=\bigcup\limits_{n\in\Lambda}(a_n,b_n),$$

其中 (a_n,b_n),$n\in\Lambda$ 为 F^c 的构成区间,Λ 为至多可数集. 定义

$$f^*(x) = \begin{cases} f(x) & x \in F, \\ \text{线性} & x \in [a_n, b_n] \quad \text{且} \quad [a_n, b_n] \text{有界}, \\ f(a_n) & x \in [a_n, b_n), \quad b_n = \infty, \\ f(b_n) & x \in (a_n, b_n], \quad a_n = -\infty. \end{cases}$$

显然 f^* 是 **R** 上的连续函数,是 f 的延拓.

证毕.

引理 3.3.6 设 f 是可测集 E 上的简单函数,则对任何 $\varepsilon > 0$,存在 E 上的连续函数 f^*,使得

$$m(E(f \neq f^*)) < \varepsilon.$$

证明 不妨设 $f(E) = \{a_k\}_{k=1}^{N_0}$,$N_0 \in \mathbf{N}$,其中 a_k 都是实数,且两两不同. 令 $E_k = E(f = a_k)$,则 $\{E_k\}_{k=1}^{N_0}$ 是 E 的一个划分. 根据定理 2.4.4(3),对每一个 k,存在闭集 $F_k \subset E_k$,使得

$$m(E_k \backslash F_k) < \frac{\varepsilon}{N_0}, \quad k = 1, 2, \cdots, N_0.$$

令 $F = \bigcup_{k=1}^{N_0} F_k$,则 f 是闭集 F 上的连续函数,根据引理 3.3.5,f 可以延拓成 E 上的连续函数 f^*,且

$$\begin{aligned} m(E(f \neq f^*)) &\leqslant m(E \backslash F) \\ &\leqslant m\left(\bigcup_{k=1}^{N_0} E_k \backslash \bigcup_{k=1}^{N_0} F_k\right) \\ &\leqslant m\left(\bigcup_{k=1}^{N_0} (E_k \backslash F_k)\right) \\ &\leqslant \sum_{k=1}^{N_0} m(E_k \backslash F_k) \\ &< \varepsilon. \end{aligned}$$

证毕.

定理 3.3.7 (Lusin 定理) 设 f 是可测集 E 上几乎处处有限的可测函数,则对 $\forall \delta > 0$,存在闭子集 $E_\delta \subset E$,使得 f 在 E_δ 上是连续函数,且 $m(E \backslash E_\delta) < \delta$.

证明 不妨设 f 在 E 上处处有限.

（1）设 E 为有界可测集，由定理 3.2.1 知，存在 E 上的简单函数列 $\{f_n\}_{n=1}^{\infty}$ 满足

$$f_n(x) = \begin{cases} n, & f(x) \geqslant n, \\ \dfrac{k-1}{2^n}, & \dfrac{k-1}{2^n} \leqslant f(x) < \dfrac{k}{2^n}, \quad k = -n \cdot 2^n + 1, -n \cdot 2^n + 2, \cdots, n \cdot 2^n, \\ -n, & f(x) < -n, \end{cases}$$

使得

$$f_n(x) \to f(x), \quad n \to \infty.$$

由引理 3.3.6 得，存在 E 上的连续函数 $f_n^*, \{n \geqslant 1\}$，使得

$$m(E(f_n \neq f_n^*)) < \frac{\varepsilon}{2^{n+1}}, \quad n = 1, 2, \cdots.$$

记 $D = \bigcup\limits_{n=1}^{\infty} E(f_n \neq f_n^*)$，

则

$$m(D) < \frac{\varepsilon}{2},$$

并且在 $E \backslash D$ 上 $f_n^*(x) \to f(x)$，由于 E 有界，所以 $\exists E \backslash D$ 的有界闭子集 F，使得 f_n^* 在 F 上一致收敛于 f，并且 $m(E \backslash D \backslash F) < \frac{\varepsilon}{2}$（Egorov 定理）. 再由定理 3.3.3，$f$ 在 F 上连续，这样由引理 3.3.5，f 作为 E 上的函数可以延拓称 D 上的连续函数 f^*，此时 $m(E(f_n \neq f_n^*)) \leqslant m(E \backslash F) < \varepsilon$.

（2）$E \subset \mathbf{R}$，令 $E_n = E \bigcap [n, n+1), n = 0, \pm 1, \cdots$，则 E_n 都是有界的. 所以 $\forall n$，$\exists$ 闭集 F_n，且 $F_n \subset E$，使得 f 在 F_n 上连续且

$$m(E_n \backslash F_n) < \frac{\varepsilon}{2^{|n|+2}}, \quad n \in \mathbf{Z}.$$

此时，$F = \bigcup\limits_{n=-\infty}^{\infty} F_n$，由引理 3.3.5 得，$f$ 作为 F 上的函数可以延拓成 E 上的连续函数，并且

$$m(E(f \neq f^*)) \leqslant m(E \backslash F)$$

$$= m(\bigcup_{n=-\infty}^{+\infty} E_n \setminus \bigcup_{n=-\infty}^{\infty} F_n)$$

$$\leqslant m(\bigcup_{n=-\infty}^{+\infty} (E_n \setminus F_n))$$

$$< \sum_{n=-\infty}^{+\infty} \frac{\varepsilon}{2^{|n|+2}}$$

$$= \varepsilon.$$

证毕.

推论 3.3.8 设 f 是 $[a,b]$ 上几乎处处有限可测函数, 则 $\forall \varepsilon > 0$ 都有 $[a,b]$ 上连续函数 f^*, 使得

$$m(\{f \neq f^*\}) < \varepsilon, \quad 且 \quad \max |f^*(x)| \leqslant \sup |f(x)|.$$

3.4   依测度收敛

本节介绍几种收敛之间的关系. 读者对一致收敛 (uniform convergence) 和几乎一致收敛 (almost uniform convergence) 比较熟悉, 下面介绍依测度收敛 (convergence in measure).

定义 3.4.1 设 f 和 $\{f_n\}_{n=1}^{\infty}$ 都是可测集 E 上几乎处处有限的可测函数, $\forall \delta > 0$, 都有

$$\lim_{n \to \infty} m(E(|f_n - f| \geqslant \delta)) = 0,$$

则称 $\{f_n\}_{n=1}^{\infty}$ 在 E 上依测度收敛于 f, 简记为 $f_n \overset{m}{\Rightarrow} f$.

例 3.9 $\forall n \geqslant 1$, 将区间 $E = [0,1]$ 等分成 $\left[\dfrac{k-1}{n}, \dfrac{k}{n}\right]$, $k = 1, 2, \cdots, n$. 这些小区间上的特征函数记为 $\chi_{n,k}$, $1 \leqslant k \leqslant n, n \geqslant 1$, 令

$$f = 0, f_1 = \chi_{1,1}, f_2 = \chi_{2,1}, f_3 = \chi_{2,2}, f_4 = \chi_{3,1}, \cdots.$$

但 $\{f_n\}_{n \geqslant 1}$ 中有无穷多项为 0, 也有无穷多项为 1, 显然, $f_n \nrightarrow f = 0$. 但

$$\lim_{n \to \infty} m(E(|f_n - f| \geqslant \delta)) = \frac{1}{k_n} \to 0,$$

其中 $k_n \in N$，且满足下面不等式

$$\frac{k_n(k_n-1)}{2} < n \leqslant \frac{k_n(k_n+1)}{2}.$$

这样

$$f_n \overset{m}{\Rightarrow} f = 0.$$

例 3.10 令 $f_n = \chi_n\{(n,\infty)\}, \forall n, f = 0.$ 则 $\forall x \in \mathbf{R}, f_n \to f.$ 但

$$\mathbf{R}\left(\mid f_n - f \mid \geqslant \frac{1}{2}\right) = (n,\infty), \quad m\left(\mathbf{R}\left(\mid f_n - f \mid \geqslant \frac{1}{2}\right)\right) = \infty.$$

所以在 $\mathbf{R}$ 上 f_n 不依测度收敛于 f.

注:例 3.9 和例 3.10 表明一般情况下几乎处处收敛与依测度收敛不能相互推导.下面两个定理讨论了几乎处处收敛与依测度收敛之间关系.

定理 3.4.1 （Riesz 定理）设 f 和 $\{f_n\}_{n=1}^{\infty}$ 都是可测集 E 上的几乎处处有限的可测函数.若 $f_n \overset{m}{\Rightarrow} f$,则 $\{f_n\}_{n=1}^{\infty}$ 中必有子列几乎处处收敛于 f.

证明 因为 $f_n \overset{m}{\Rightarrow} f$,所以

$$m\left(E\left(\mid f_n - f \mid \geqslant \frac{1}{2^k}\right)\right) \to 0, \quad n \to \infty, \quad \forall k \geqslant 1.$$

因此存在 $n_k, k \geqslant 1, n_1 < n_2 < \cdots,$ 使得

$$m\left(E\left(\mid f_n - f \mid \geqslant \frac{1}{2^k}\right)\right) < \frac{1}{2^k}.$$

令

$$D_: = \bigcap_{p=1}^{\infty} \bigcup_{k=p}^{\infty} E\left(\mid f_{n_k} - f \mid \geqslant \frac{1}{2^k}\right).$$

则 $\forall p \geqslant 1,$ 都有

$$m(D) \leqslant m\left(\bigcup_{k=p}^{\infty} E\left(\mid f_{n_k} - f \mid \geqslant \frac{1}{2^k}\right)\right)$$

$$< \sum_{k=p}^{\infty} \frac{1}{2^k} = \frac{1}{2^p}.$$

令 $p \to +\infty$，即得 $m(D) = 0$. 所以 $\forall x \in E \backslash D = \bigcup_{p=1}^{\infty} \bigcap_{k=p}^{+\infty} E\left(\mid f_{n_k} - f \mid < \frac{1}{2^k} \right)$，必有 $p_0 \geqslant 1$，使得

$$x \in \bigcap_{k=p_0}^{+\infty} E\left(\mid f_{n_k} - f \mid < \frac{1}{2^k} \right).$$

即

$$\mid f_{n_k} - f \mid < \frac{1}{2^k}, \quad k \geqslant p_0.$$

从而

$$f_{n_k}(x) \to f(x), \quad k \to +\infty.$$

证毕.

定理 3.4.2 （Lebesgue 定理）设 f 和 $\{f_n\}_{n=1}^{\infty}$ 都是可测集 E 上的几乎处处有限的可测函数，若 $m(E) < +\infty$，并且 $f_n \xrightarrow{\text{a. e.}} f$，则 $f_n \xRightarrow{m} f$.

证明 因为 $m(E) < +\infty$，所以由 Egorov 定理得，$\forall \delta > 0, \varepsilon > 0$，都有 E 的可测子集 E_δ 使得

$$m(E \backslash E_\delta) < \varepsilon, \quad \text{并且} \quad f_n \xRightarrow{E_\delta} f.$$

这样存在 N 使得

$$\mid f_n(x) - f(x) \mid < \delta, \quad x \in E_\delta, \quad n > N.$$

从而

$$m(E(\mid f_n - f \mid \geqslant \delta)) \leqslant m(E \backslash E_\delta) < \varepsilon, \quad n > N.$$

所以 $f_n \xRightarrow{m} f$.

证毕.

注：依测度收敛在概率论等学科中有着重要应用.

习题 3

1. 设 f^3 是 E 上的可测函数, 则 f 也是 E 上的可测函数.

2. 如果 f 是 $\mathbf{R}$ 上的可测函数, 定义 $f_a(x)$

$$f_a(x) = \begin{cases} a, & f(x) > a, \\ f(x), & f(x) \leqslant a, \end{cases}$$

则 f_a 也是 $\mathbf{R}$ 上的可测函数.

3. 证明 Riemann 函数

$$\zeta(x) = \begin{cases} \dfrac{1}{q}, & \text{当 } x = \dfrac{p}{q} \text{ 为既约分数}, \\[2mm] 0, & \text{当 } x \text{ 为无理数} \end{cases}$$

是 $(0,1)$ 上的可测函数.

4. 设 f 是 E 上的可测函数, G, F 分别是 $\mathbf{R}$ 上的开集和闭集, 则 $f^{-1}(G)$ 和 $f^{-1}(F)$ 都是可测集.

5. 设 f 是 $\mathbf{R}$ 上连续函数, g 是 E 上可测函数, 证明: $f \circ g$ 是 E 上可测函数.

6. 设 f 在 $\mathbf{R}$ 上可微, 则 f' 是 $\mathbf{R}$ 上可测函数.

7. 设 $\{f_n(x)\}_{n=1}^{\infty}$ 和 $\{g_n(x)\}_{n=1}^{\infty}$ 是 $E \subset \mathbf{R}$ 上可测函数列, 且 $f_n \overset{m}{\Rightarrow} f, g_n \overset{m}{\Rightarrow} g$, 则 $\{f_n(x) + g_n(x)\}_{n=1}^{\infty}$ 在 E 上依测度收敛于 $f(x) + g(x)$.

8. 设 $\{f_n(x)\}_{n=1}^{\infty}$ 是 $E \subset \mathbf{R}$ 上可测函数列, 且 $f_n \overset{m}{\Rightarrow} f, f_n \overset{m}{\Rightarrow} g$, 则 $f \overset{\text{a.e.}}{=} g$.

9. 设函数列 $\{f_n(x)\}_{n=1}^{\infty}$ 在有界集 E 上内闭一致收敛于 $f(x)$, 试证 $f_n \overset{\text{a.e.}}{\to} f$.

4 Lebesgue 积分

实变函数论的核心内容就是 Lebesgue 积分理论. 在 Lebesgue 测度论的基础上，我们依次建立非负简单函数、非负可测函数、一般可测函数的 Lebesgue 积分 (Lebesgue integral)，介绍可积函数的性质及积分的基本定理，并得到 Riemann 积分与 Lebesgue 积分间的关系.

4.1 非负简单函数的 Lebesgue 积分

定义 4.1.1 设 E 是可测集，$\{E_k\}_{k\in\Lambda}$ 是 E 的有限或可数个两两不相交的可测子集，使得

$$\bigcup_{k\in\Lambda}E_k = E,$$

则称 $\{E_k\}_{k\in\Lambda}$ 为 E 的一个划分，其中 Λ 是至多可数集.

定义 4.1.2 设 E 的划分 $\{E_i\}_{1\leqslant i\leqslant N_0}$，$N_0 \in \mathbf{N}$，及非负实数 $\{a_i\}$ 使得

$$f(x) = \sum_{i=1}^{N_0} a_i \chi_{E_i}(x), \quad x \in E,$$

则称 f 是可测集 E 上非负简单函数 (non-negative simple function). 非负简单函数 f 在 E 上的 Lebesgue 积分为

$$\int_E f(x)\mathrm{d}x = \sum_{i=1}^{N_0} a_i m(E_i).$$

当 $\int_E f(x)\mathrm{d}x < \infty$ 时，称 f 在 E 上 L-可积.

例 4.1 设 $\mathbf{Q}_0 := [0,1] \bigcap \mathbf{Q}$，$[0,1]$ 上的 Dirichlet 函数定义为

$$D(x) = \begin{cases} 1, & x \in \mathbf{Q}_0, \\ 0, & x \in [0,1] \backslash \mathbf{Q}_0, \end{cases}$$

则

$$\int_{[0,1]} D(x) \mathrm{d}x = 1 \cdot m(\mathbf{Q}_0) + 0 \cdot m([0,1] \backslash \mathbf{Q}_0) = 0.$$

这样 $D(x)$ 在 $[0,1]$ 上 L-可积,但它不是 R-可积.

定理 4.1.1 设 f 和 g 都是可测集 E 上的非负简单函数,且 $f \overset{\text{a.e.}}{=} g$,则

$$\int_E f \mathrm{d}x = \int_E g \mathrm{d}x.$$

证明 设 $f(x) = \sum_{i=1}^{N_0} a_i \chi_{E_i}$, $g(x) = \sum_{j=1}^{N_1} b_j \chi_{F_j}$,其中 $\{E_i\}_{1 \leqslant i \leqslant N_0}$,$\{F_j\}_{1 \leqslant j \leqslant N_1}$ 分别为 E 的划分,$f \overset{\text{a.e.}}{=} g$,若 $m(E_i \cap F_j) \neq 0$,则 $a_i = b_j$,因此总有

$$a_i m(E_i \cap F_j) = b_j m(E_i \cap F_j).$$

这样

$$\begin{aligned} \sum_{i=1}^{N_0} a_i m(E_i) &= \sum_{i=1}^{N_0} a_i m\left(E_i \cap \bigcup_{j=1}^{N_1} F_j\right) \\ &= \sum_{i=1}^{N_0} \sum_{j=1}^{N_1} a_i m(E_i \cap F_j) \\ &= \sum_{j=1}^{N_1} \sum_{i=1}^{N_0} b_j m(E_i \cap F_j) \\ &= \sum_{j=1}^{N_1} b_j m(F_j), \end{aligned}$$

即

$$\int_E f \mathrm{d}x = \int_E g \mathrm{d}x.$$

证毕.

定理 4.1.2 设 f 和 g 都是可测集 E 上的非负简单函数,则下面性质成立:

(1) 若 $f \leqslant g$ a. e. ,则

$$\int_E f \mathrm{d}x \leqslant \int_E g \mathrm{d}x.$$

(2)
$$\int_E f \mathrm{d}x \leqslant \sup f(x) \cdot m(E).$$

特别当 $m(E) = 0$ 时,$\int_E f \mathrm{d}x = 0$.

(3) 若 α 和 β 是两个非负实数,则

$$\int_E (\alpha f + \beta g) \mathrm{d}x = \alpha \int_E f \mathrm{d}x + \beta \int_E g \mathrm{d}x.$$

(4) 若 $A \bigcap B = \varnothing$,$A,B$ 是 E 的两个可测子集,则

$$\int_{A \bigcup B} f \mathrm{d}x = \int_A f \mathrm{d}x + \int_B f \mathrm{d}x.$$

证明 读者不难证明(1),(2),(3),下面给出(4) 的证明. 根据积分定义,得

$$\int_{A \bigcup B} f \mathrm{d}x = \sum_{i=1}^S a_i m(E_i \bigcap (A \bigcup B))$$

$$= \sum_{i=1}^S a_i [m(E_i \bigcap A) + m(E_i \bigcap B)]$$

$$= \int_A f \mathrm{d}x + \int_B f \mathrm{d}x.$$

证毕.

引理 4.1.3 设 g 和 f_n 都是可测集 E 上非负简单函数,满足以下条件:

(1) 对几乎所有的 $x \in E, \{f_n\}_{n=1}^\infty$ 是单调增加的;

(2) $0 \leqslant g(x) \leqslant \lim_{n \to \infty} f_n(x)$ a. e. ,

则

$$\int_E g \mathrm{d}x \leqslant \lim_{n \to \infty} \int_E f_n \mathrm{d}x.$$

证明 令

$$h_n(x) := \min\{g(x), f_n(x)\}, \quad n \geqslant 1, \quad x \in E.$$

由(1),(2)知,非负简单函数 $h_n(x)$ 在 E 上几乎处处收敛于 $\min(f,g)$.

(i) 当 $m(E) < \infty$ 时,由 Egorov 定理得,$\forall\,\varepsilon > 0$,都有 E 上可测子集 E_1,使得 $m(E\backslash E_1) < \varepsilon$,且在 E_1 上 $h_n(x)$ 一致收敛于 $g(x)$. 所以,$\exists\,N$ 使得

$$g(x) < \varepsilon + h_n(x) \leqslant \varepsilon + f_n(x),\quad x \in E_1,\quad n > N.$$

根据定理 4.1.2 得,当 $n > N$ 时,

$$\int_{E_1} g\mathrm{d}x \leqslant \int_{E_1}(\varepsilon + f_n)\mathrm{d}x \leqslant \int_E(\varepsilon + f_n)\mathrm{d}x = \varepsilon \cdot m(E) + \int_E f_n\mathrm{d}x.$$

从而

$$\int_{E_1} g\mathrm{d}x \leqslant \varepsilon \cdot m(E) + \lim_{n\to\infty}\int_E f_n\mathrm{d}x.$$

另一方面

$$\int_{E\backslash E_1} g\mathrm{d}x \leqslant \sup g(x)m(E\backslash E_1) \leqslant \varepsilon \cdot \sup g(x).$$

所以

$$\int_E g\mathrm{d}x \leqslant \varepsilon[\sup g(x) + m(E)] + \lim_{n\to\infty}\int_E f_n\mathrm{d}x.$$

由 ε 任意性得

$$\int_E g\mathrm{d}x \leqslant \lim_{n\to\infty}\int_E f_n\mathrm{d}x.$$

(ii) 当 $m(E) = \infty$ 时,$\forall\,k \geqslant 1$,令 $E_k := E \cap [-k,k]$,则 $m(E_k) < \infty$. 由(i)得

$$\int_{E_k} g\mathrm{d}x \leqslant \lim_{n\to\infty}\int_{E_k} f_n\mathrm{d}x \leqslant \lim_{n\to\infty}\int_E f_n\mathrm{d}x,\quad \forall\,k \geqslant 1.$$

若 $g = \sum_{j=1}^{N_1} b_j\chi_{F_j}$,则

$$\int_{E_k} g\mathrm{d}x = \sum_{j=1}^{N_1} b_j m(F_j \cap E_k).$$

注意到 E_k 单调增加收敛于 E. 由测度连续性质得

$$m(F_j \bigcap E_k) \to m(F_j), \quad k \to \infty.$$

令 $k \to \infty$, 得

$$\lim_{k \to \infty} \int_{E_k} g \, dx = \sum_{j=1}^{N_1} b_j m(F_j) = \int_E g \, dx.$$

所以

$$\int_E g \, dx \leqslant \lim_{n \to \infty} \int_E f_n \, dx.$$

证毕.

定理 4.1.4 设 $\{f_n\}_{n=1}^{\infty}, \{g_n\}_{n=1}^{\infty}$ 是可测集 E 上两列非负简单函数, 且对几乎所有 $x \in E, \{f_n\}_{n=1}^{\infty}, \{g_n\}_{n=1}^{\infty}$ 是单调增加的. 若对几乎所有 $x \in E$, 都有

$$\lim_{n \to \infty} f_n(x) = \lim_{n \to \infty} g_n(x),$$

则

$$\lim_{n \to \infty} \int_E f_n \, dx = \lim_{n \to \infty} \int_E g_n \, dx.$$

证明 因为对几乎所有的 $x \in E$, 函数列 $\{f_n(x)\}_{n=1}^{\infty}, \{g_n(x)\}_{n=1}^{\infty}$ 关于 n 是单调增加的, 所以对固定的 $n \geqslant 1$, 都有

$$0 \leqslant g_n(x) \leqslant \lim_{k \to \infty} g_k(x) = \lim_{k \to \infty} f_k(x).$$

由引理 4.1.3 得

$$\int_E g_n \, dx \leqslant \lim_{k \to \infty} \int_E f_k \, dx.$$

上式中令 $n \to \infty$, 得

$$\lim_{n \to \infty} \int_E g_n \, dx \leqslant \lim_{n \to \infty} \int_E f_n \, dx.$$

同理可证

$$\lim_{n\to\infty}\int_E f_n \mathrm{d}x \leqslant \lim_{n\to\infty}\int_E g_n \mathrm{d}x.$$

所以

$$\lim_{n\to\infty}\int_E f_n \mathrm{d}x = \lim_{n\to\infty}\int_E g_n \mathrm{d}x.$$

证毕.

注:定理 4.1.4 是非负可测函数的 Lebesgue 积分定义的基础.

4.2 非负可测函数的 Lebesgue 积分

在这一节我们研究非负可测函数的 Lebesgue 积分及性质. 设 f 是可测集 E 上的非负可测函数(non-negative measure function). 由定理 3.2.1 知,存在 E 上的非负简单函数列 $\{f_n\}_{n=1}^{\infty}$,使得 $\forall x \in E,\{f_n\}_{n=1}^{\infty}$ 单增收敛于 f,这样定义 3.2.1 是合理的.

定义 4.2.1 设 f 是可测集 E 上的非负可测函数. $\forall x \in E,E$ 上的非负简单函数列 $\{f_n\}_{n=1}^{\infty}$ 单增收敛于 f. f 在 E 上的 Lebesgue 积分定义为

$$\int_E f \mathrm{d}x = \lim_{n\to\infty}\int_E f_n \mathrm{d}x.$$

当 $\int_E f \mathrm{d}x < \infty$ 时,称 f 在 E 上 L-可积.

注:由上一节定理 4.1.4 知,f 在 E 上的积分值与 $\{f_n\}_{n=1}^{\infty}$ 选择无关.

例 4.2 求函数 $f(x) = \mathrm{e}^{-x}$ 在 $(0, +\infty)$ 上 Lebesgue 积分.

解 因为 $f(x)$ 在 $(0, +\infty)$ 上是非负单减函数,所以 $\forall n \geqslant 1$,令

$$f_n(x) = \begin{cases} f\left(\dfrac{k}{2^n}\right), & x \in \left(\dfrac{k-1}{2^n}, \dfrac{k}{2^n}\right], \quad k = 1, 2, \cdots, n \cdot 2^n, \\ 0, & x > n. \end{cases}$$

则 $\{f_n(x)\}_{n=1}^{\infty}$ 是非负简单函数列,且 $\forall x$,$\{f_n(x)\}_{n=1}^{\infty}$ 单增收敛于 $f(x)$. 记 $\delta_n = \dfrac{1}{2^n}$,则

$$\int_0^{+\infty} f_n(x)\mathrm{d}x = \int_0^n f_n(x)\mathrm{d}x$$

$$= \delta_n \sum_{k=1}^{n\cdot 2^n} f(k\delta_n)$$

$$= \delta_n \frac{\mathrm{e}^{-\delta_n}(1-\mathrm{e}^{-n\cdot 2^n\delta_n})}{1-\mathrm{e}^{-\delta_n}}.$$

令 $\delta_n \to 0$,从而由定义 4.2.1 得

$$\int_0^{+\infty} f(x)\mathrm{d}x = \lim_{n\to\infty}\int_0^n f_n(x)\mathrm{d}x = 1.$$

非负可测函数 Lebesgue 积分下面的性质成立,读者参考上一节定理 4.1.2,类似可以证明.

定理 4.2.1　设 f 和 g 都是可测集 E 上的非负可测函数,

(1) 若 α 和 β 是两个非负实函数,则

$$\int_E (\alpha f + \beta g)\mathrm{d}x = \alpha\int_E f\mathrm{d}x + \beta\int_E g\mathrm{d}x.$$

(2) 设 A,B 是 E 上两个不相交的可测子集,则

$$\int_{A\cup B} f\mathrm{d}x = \int_A f\mathrm{d}x + \int_B f\mathrm{d}x.$$

(3) 若 $f \overset{\mathrm{a.e.}}{=} g$,则

$$\int_E f\mathrm{d}x = \int_E g\mathrm{d}x.$$

定理 4.2.2　设 f 是可测集 E 上的非负可测函数,则 $\displaystyle\int_E f\mathrm{d}x = 0 \Leftrightarrow f \overset{\mathrm{a.e.}}{=} 0$.

证明　($\Rightarrow$) 令 $D := \{x \mid f(x) > 0\}$,记 $D_n = \left\{x \,\middle|\, f(x) \geqslant \dfrac{1}{n}\right\}$,$n = 1, 2, \cdots$. 显然

$$D_1 \subseteq D_2 \subseteq \cdots D_n \subseteq \cdots, \quad D = \bigcup_{n=1}^{\infty} D_n.$$

令 $\varphi_n = \dfrac{1}{n} \chi_{D_n}$，则

$$0 \leqslant \varphi_n \leqslant f.$$

所以

$$\int_E \varphi_n \mathrm{d}x \leqslant \int_E f \mathrm{d}x = 0.$$

即

$$\frac{1}{n} m(D_n) = \int_E \varphi_n \mathrm{d}x = 0, \quad \forall n \in \mathbf{N}.$$

这样

$$m(D_n) = 0, \quad \forall n \in \mathbf{N}.$$

所以

$$m(D) \leqslant \sum_{k=1}^{\infty} m(D_n) = 0.$$

因此 $f \overset{\text{a. e.}}{=\!=} 0$.

($\Leftarrow$) 由定理 4.2.1 知，显然成立.

证毕.

定理 4.2.3 （Levi 单调收敛定理，monotone convergence theorem）设 f 和 $\{f_n\}_{n=1}^{\infty}$ 都是可测集 E 上的非负可测函数，而且对几乎所有的 $x \in E$，$\{f_n\}_{n=1}^{\infty}$ 单增收敛于 f，则

$$\int_E f \mathrm{d}x = \lim_{n \to \infty} \int_E f_n \mathrm{d}x.$$

证明 对任意固定的 $n \geqslant 1$，设 f_n 的积分由非负单增简单函数列 $\{\varphi_{n,k}\}_{k=1}^{\infty}$ 定义. 此时，$\forall n \geqslant 1, x \in E$，$\{\varphi_{n,k}(x)\}_{k=1}^{\infty}$ 单增收敛于 $f_n(x)$. 令

$$\Psi_k(x) = \max\{\varphi_{1,k}(x), \varphi_{2,k}(x), \cdots, \varphi_{k,k}(x)\}, \quad x \in E.$$

则 Ψ_k 是非负简单函数,且

$$0 \leqslant \Psi_1(x) \leqslant \Psi_2(x) \leqslant \cdots \leqslant \Psi_k(x) \leqslant \cdots, \quad x \in E, \tag{4.1}$$

$$\varphi_{n,k}(x) \leqslant \Psi_k(x) \leqslant f_k(x), \quad 1 \leqslant n \leqslant k, \quad x \in E. \tag{4.2}$$

从而

$$\int_E \varphi_{n,k} \mathrm{d}x \leqslant \int_E \Psi_k \mathrm{d}x \leqslant \int_E f_k \mathrm{d}x. \tag{4.3}$$

在(4.2)、(4.3)式中,令 $k \to \infty$,得到

$$f_n(x) \leqslant \lim_{k \to \infty} \Psi_k(x) \leqslant f(x), \quad n \geqslant 1, \quad x \in E. \tag{4.4}$$

$$\lim_{k \to \infty} \int_E \varphi_{n,k} \mathrm{d}x = \int_E f_n(x) \mathrm{d}x \leqslant \lim_{k \to \infty} \int_E \Psi_k \mathrm{d}x \leqslant \lim_{k \to \infty} \int_E f_k \mathrm{d}x, \quad n \geqslant 1. \tag{4.5}$$

在(4.4)和(4.5)式中,令 $n \to \infty$ 得

$$\lim_{k \to \infty} \Psi_k = f(x), \tag{4.6}$$

$$\lim_{n \to \infty} \int_E f_n \mathrm{d}x = \lim_{k \to \infty} \int_E \Psi_k \mathrm{d}x. \tag{4.7}$$

由(4.1),(4.6)和(4.7)式知,f 的积分可由简单函数列 $\{\Psi_k\}$ 来定义,且

$$\int_E f \mathrm{d}x = \lim_{n \to \infty} \int_E f_n \mathrm{d}x.$$

证毕.

推论 4.2.4 (逐项积分定理)设 $\{u_k\}_{k=1}^{\infty}$ 是可测集 E 上的一列非负可测函数,则

$$\int_E \sum_{k=1}^{\infty} u_k \mathrm{d}x = \sum_{k=1}^{\infty} \int_E u_k \mathrm{d}x.$$

证明 令

$$f = \sum_{k=1}^{\infty} u_k, \quad f_n = \sum_{k=1}^{n} u_k,$$

则 f 和 $\{f_n\}_{k=1}^{\infty}$ 都是可测集 E 上的非负可测函数,且对所有的 $x \in E$,$\{f_n(x)\}_{k=1}^{\infty}$ 单

增收敛于 $f(x)$，由定理 4.2.3 得

$$\int_E \sum_{k=1}^{\infty} u_k \, \mathrm{d}x = \int_E \lim_{n \to \infty} \sum_{k=1}^{n} u_k \, \mathrm{d}x$$

$$= \lim_{n \to \infty} \int_E \sum_{k=1}^{n} u_k \, \mathrm{d}x$$

$$= \lim_{n \to \infty} \sum_{k=1}^{n} \int_E u_k \, \mathrm{d}x$$

$$= \sum_{k=1}^{\infty} \int_E u_k \, \mathrm{d}x,$$

即

$$\int_E \sum_{k=1}^{\infty} u_k \, \mathrm{d}x = \sum_{k=1}^{\infty} \int_E u_k \, \mathrm{d}x.$$

证毕.

定理 4.2.5　（Fatou 引理）设 $\{f_n\}_{n=1}^{\infty}$ 都是可测集 E 上的非负可测函数，则

$$\int_E \varliminf_{n \to \infty} f_n \, \mathrm{d}x \leqslant \varliminf_{n \to \infty} \int_E f_n \, \mathrm{d}x.$$

证明　$\forall n \geqslant 1$，令

$$g_n(x) = \inf_{k \geqslant n} f_k(x), \quad x \in E.$$

则 $\forall x \in E$，$\{g_n(x)\}_{n=1}^{\infty}$ 单增收敛于 $\varliminf_{n \to \infty} f_n(x)$. 由单调收敛定理得

$$\int_E \varliminf_{n \to \infty} f_n \, \mathrm{d}x$$

$$= \int_E \lim_{n \to \infty} g_n(x) \, \mathrm{d}x$$

$$= \lim_{n \to \infty} \int_E g_n(x) \, \mathrm{d}x.$$

而 $g_n(x) \leqslant f_n(x)$，故

$$\int_E \varliminf_{n \to \infty} f_n \, \mathrm{d}x \leqslant \varliminf_{n \to \infty} \int_E f_n \, \mathrm{d}x.$$

证毕.

注：下面的例 4.3 表明 Fatou 定理中的不等式不能改为等式.

例 4.3 令

$$f_n(x) = n \cdot \chi_{\left[0, \frac{1}{n}\right]}(x),$$

不难计算

$$\varliminf_{n \to \infty} f(x) = 0, \forall x \in [0,1],$$

所以

$$\int_0^1 \varliminf_{n \to \infty} f_n(x) \mathrm{d}x = 0 < 1 = \lim_{n \to \infty} \int_0^1 f_n(x) \mathrm{d}x.$$

4.3 一般可测函数的 Lebesgue 积分

在非负可测函数积分的基础上，我们进一步讨论一般可测函数的 Lebesgue 积分，并介绍 Lebesgue 积分中的主要定理.

定义 4.3.1 设 f 是可测集 E 上的可测函数，令

$$f_+(x) = \max\{0, f(x)\}, \quad f_-(x) = \max\{0, -f(x)\}, \quad \forall x \in E.$$

则 f_+ 和 f_- 分别称为函数 $f(x)$ 的正部（positive part）和负部（negative part），显然 $f_+ \geqslant 0, f_- \geqslant 0$ 为非负可测函数，且

$$f(x) = f_+(x) - f_-(x), \quad |f(x)| = f_+(x) + f_-(x).$$

若 $\int_E f_+ \mathrm{d}x$ 和 $\int_E f_- \mathrm{d}x$ 不同时为 $+\infty$，则 f 在 E 上的 Lebesgue 积分定义为

$$\int_E f \mathrm{d}x = \int_E f_+ \mathrm{d}x - \int_E f_- \mathrm{d}x.$$

若 $\int_E f \mathrm{d}x < \infty$，则称 f 在 E 上 L -可积，记为 $f \in L(E)$，其中 $L(E)$ 表示所有 E 上 L -可积函数全体的集合.

例 4.4 设

$$f(x) = (-1)^n, \quad x \in \left(\frac{1}{n+1}, \frac{1}{n}\right], \quad n = 1, 2, \cdots,$$

试求 $\int_0^1 f(x)\mathrm{d}x$.

解　令 $I_n = \left(\frac{1}{n+1}, \frac{1}{n}\right]$，则

$$f_+(x) = \begin{cases} 1, & x \in I_{2n}, \\ 0, & x \in I_{2n-1}, \end{cases}$$

$$f_-(x) = \begin{cases} 0, & x \in I_{2n}, \\ 1, & x \in I_{2n-1}. \end{cases}$$

因为

$$\sum_{n=1}^{\infty} \frac{(-1)^{n+1}}{n} = \ln 2,$$

所以

$$\int_0^1 f_+(x)\mathrm{d}x = \sum_{n=1}^{\infty} \left(\frac{1}{2n} - \frac{1}{2n+1}\right)$$
$$= 1 - \ln 2,$$

$$\int_0^1 f_-(x)\mathrm{d}x = \sum_{n=1}^{\infty} \left(\frac{1}{2n-1} - \frac{1}{2n}\right)$$
$$= \ln 2.$$

因此

$$\int_0^1 f(x)\mathrm{d}x = \int_0^1 f_+(x)\mathrm{d}x - \int_0^1 f_-(x)\mathrm{d}x = 1 - 2\ln 2.$$

接下来，我们介绍 Lebesgue 积分性质.

定理 4.3.1　设 f 是可测集 E 上的可测函数，则

(1) $f \in L(E) \Leftrightarrow |f| \in L(E)$，并且满足

$$\left|\int_E f\mathrm{d}x\right| \leqslant \int_E |f|\mathrm{d}x.$$

(2) 若 $f \in L(E)$，则 f 在 E 上几乎处处有限.

(3) 若 g 也是 E 上可测函数, $f \overset{\text{a. e.}}{=} g$, 则当 f 和 g 中一个 L-可积, 则另一个也是 L-可积, 且

$$\int_E f \mathrm{d}x = \int_E g \mathrm{d}x.$$

注: 函数是 L-可积与 R-可积有着重要差别. 如 $[0,1]$ 上 Dirichlet 函数 $D(x)$ 是 L-可积, 但不是 R-可积.

证明 (1) f 是 L-可积的 $\Leftrightarrow f_+$ 和 f_- 都是 L-可积的 $\Leftrightarrow |f|$ 是 L-可积的.

(2) 若 $f \in L(E)$, 则 $f_+ \in L(E)$. $\forall n \geqslant 1$, 都有

$$\infty > \int_D f_+ \mathrm{d}x \geqslant \int_{E(f \geqslant n)} f \mathrm{d}x \geqslant \int_{E(f \geqslant n)} n \mathrm{d}x = n \cdot m(E(f \geqslant n)).$$

因此

$$m(E(f = +\infty)) = \lim_{n \to \infty} m(E(f \geqslant n)) = 0.$$

同理可证

$$m(E(f = -\infty)) = 0.$$

这样 f 在 E 上几乎处处有限.

(3) 因为 $f \overset{\text{a. e.}}{=} g$, 所以 $f_+ \overset{\text{a. e.}}{=} g_+, f_- \overset{\text{a. e.}}{=} g_-$. 从而 f, g 同时可积, 且

$$\int_E f \mathrm{d}x = \int_E g \mathrm{d}x.$$

证毕.

推论 4.3.2 若 f 在可测集 E 上可积, 则 f 在 E 的任何可测子集上也可积.

证明 设 A 是可测集 E 的可测子集. 因为 $f \in L(E)$, 所以 $|f| \in L(E)$. 而

$$\int_A |f| \mathrm{d}x \leqslant \int_E |f| \mathrm{d}x < \infty.$$

所以 $|f| \in L(A)$, 这样 $f \in L(A)$.

证毕.

推论 4.3.3 若 $m(E) < \infty$，f 是可测集 E 上有界可测函数，则 $f \in L(E)$，特别 $f \in C[a,b]$，其中 $[a,b]$ 为有限区间，则 $f \in L([a,b])$.

证明 设 $|f(x)| \leqslant M$. 因为 $m(E) < \infty$，所以

$$g(x) \equiv M \in L(E).$$

此时

$$\int_E |f| \mathrm{d}x \leqslant \int_E M \mathrm{d}x = M \cdot m(E) < \infty.$$

这样 $|f| \in L(E)$，进而 $f \in L(E)$.
证毕.

下面积分性质成立.

定理 4.3.4 设 $f, g \in L(E)$，则

(1) $f + g \in L(E)$，并且

$$\int_E (f+g) \mathrm{d}x = \int_E f \mathrm{d}x + \int_E g \mathrm{d}x.$$

(2) 若 $\alpha \in \mathbf{R}$，则 $\alpha f \in L(E)$，并且

$$\int_E \alpha f \mathrm{d}x = \alpha \int_E f \mathrm{d}x.$$

(3) 若 $A \cap B = \varnothing$，且 A, B 是可测集 E 的可测子集，则

$$\int_{A \cup B} f \mathrm{d}x = \int_A f \mathrm{d}x + \int_B f \mathrm{d}x.$$

(4) $\forall \varepsilon > 0$，存在 E 上取有理数值的函数 h，使得

$$\int_E |f - h| \mathrm{d}x < \varepsilon.$$

证明 （1）因为

$$|f + g| \leqslant |f| + |g|,$$

故 $f + g$ 可积，又

$$f_+ - f_- + (g_+ - g_-) = (f+g)_+ - (f+g)_-.$$

从而

$$f_+ + g_+ + (f+g)_- = (f+g)_+ + f_- + g_-.$$

由定理 4.2.1 得

$$\int_E f_+ \mathrm{d}x + \int_E g_+ \mathrm{d}x + \int_E (f+g)_- \mathrm{d}x = \int_E (f+g)_+ \mathrm{d}x + \int_E f_- \mathrm{d}x + \int_E g_- \mathrm{d}x.$$

所以

$$\int_E (f+g) \mathrm{d}x = \int_E f \mathrm{d}x + \int_E g \mathrm{d}x.$$

(2) 当 $\alpha \geqslant 0$ 时,

$$(\alpha f)_+ = \alpha f_+, \quad (\alpha f)_- = \alpha f_-.$$

从而

$$\int_E \alpha f \mathrm{d}x = \int_E (\alpha f)_+ \mathrm{d}x - \int_E (\alpha f)_- \mathrm{d}x$$
$$= \alpha \left(\int_E f_+ \mathrm{d}x - \int_E f_- \mathrm{d}x \right)$$
$$= \alpha \int_E f \mathrm{d}x.$$

当 $\alpha < 0$ 时,同理可证:

$$\int_E \alpha f \mathrm{d}x = \alpha \int_E f \mathrm{d}x.$$

(3) 由定理 4.2.1 得

$$\int_{A \cup B} f_+ \mathrm{d}x = \int_A f_+ \mathrm{d}x + \int_B f_+ \mathrm{d}x,$$
$$\int_{A \cup B} f_- \mathrm{d}x = \int_A f_- \mathrm{d}x + \int_B f_- \mathrm{d}x.$$

所以

$$\int_{A \cup B} f \mathrm{d}x = \int_A f \mathrm{d}x + \int_B f \mathrm{d}x.$$

（4）分两步证明.

（i）当 $f \geqslant 0$ 时,由定理 3.2.1 的证明得,存在取值为有理数的、单调增加的简单函数列 $\{f_n\}_{n=1}^{\infty}$,其中 $f_n(x)$,$\forall n \geqslant 1$,为

$$f_n(x) = \begin{cases} n, & f(x) \geqslant n, \\ \dfrac{k-1}{2^n}, & \dfrac{k-1}{2^n} \leqslant f(x) < \dfrac{k}{2^n}, \quad k = 1,2,\cdots,n \cdot 2^n. \end{cases}$$

且

$$\int_E f \mathrm{d}x = \lim_{n \to \infty} \int_E f_n \mathrm{d}x.$$

于是

$$\int_E | f - f_n | \mathrm{d}x = \int_E (f - f_n) \mathrm{d}x$$

$$= \int_E f \mathrm{d}x - \int_E f_n \mathrm{d}x \to 0, \quad n \to \infty.$$

因此 $\forall \varepsilon > 0$,令 $h = f_n$,则（4）成立.

（ii）由（i）得,$\forall \varepsilon > 0$,分别存在 h_1 和 h_2,使得

$$\int_E | f_+ - h_1 | \mathrm{d}x < \frac{\varepsilon}{2}, \quad \int_E | f_- - h_2 | \mathrm{d}x < \frac{\varepsilon}{2}.$$

令 $h = h_1 - h_2$,因此（4）成立.

证毕.

下面介绍几个重要的极限定理（limit theorem）.

定理 4.3.5 （Lebesgue 控制收敛定理,dominated convergence theorem）设 f 和 f_n,$n \geqslant 1$ 都是可测集 E 上的可测函数,满足

（1）存在 $g \in L(E)$,使得

$$| f_n(x) | \leqslant g(x) \text{ a.e.}, \quad x \in E, \quad \forall n \geqslant 1;$$

（2）对几乎所有 $x \in E$,

$$\lim_{n \to \infty} f_n(x) = f(x) \text{ a.e.},$$

则 f 和 $f_n, n \geqslant 1$ 都在 E 上可积, 且

$$\lim_{n \to \infty} \int_E f_n \mathrm{d}x = \int_E f \mathrm{d}x.$$

证明 (1) 因为 $|f_n(x)| \leqslant g(x)$ a. e. , $g \in L(E)$, 所以 $f_n \in L(E)$.

(2) 因为 $|f_n(x)| \leqslant g(x)$ a. e. , 所以

$$g(x) \pm f_n(x) \geqslant 0.$$

由 Fatou 引理得

$$\int_E \varliminf_{n \to \infty} (g \pm f_n) \mathrm{d}x \leqslant \varliminf_{n \to \infty} \int_E (g \pm f_n) \mathrm{d}x.$$

因为 g 在 E 上可积, 上式等价于

$$\pm \int_E f \mathrm{d}x \leqslant \varliminf_{n \to \infty} \Big[\pm \int_E f_n \mathrm{d}x \Big].$$

从而

$$\int_E f \mathrm{d}x \leqslant \varliminf_{n \to \infty} \int_E f_n \mathrm{d}x, \quad -\int_E f \mathrm{d}x \leqslant -\varlimsup_{n \to \infty} \int_E f_n \mathrm{d}x.$$

即

$$\varlimsup_{n \to \infty} \int_E f_n \mathrm{d}x \leqslant \int_E f \mathrm{d}x \leqslant \varliminf_{n \to \infty} \int_E f_n \mathrm{d}x < \int_E g \mathrm{d}x.$$

所以

$$\lim_{n \to \infty} \int_E f_n \mathrm{d}x = \int_E f \mathrm{d}x.$$

证毕.

注: Lebesgue 控制收敛定理在函数论、微分方程、概率论等学科有着重要的作用.

下面几个例子说明 Lebesgue 控制收敛定理在积分与极限交换运算等中起着重要的作用.

例 4.5 设 $f \in L([a,b])$，求证

$$\frac{\mathrm{d}}{\mathrm{d}x}\int_a^b \sin(x+y)f(y)\mathrm{d}y = \int_a^b \cos(x+y)f(y)\mathrm{d}y.$$

证明 因为

$$|\sin(x+y)f(y)| \leqslant |f(y)|, \quad \forall x \in \mathbf{R},$$

所以 $\sin(x+y)f(y)$ 关于 y 在 $[a,b]$ 上是 L-可积. $\forall x \in \mathbf{R}$，并取 $\Delta_n \to 0$，根据中值定理，$\forall n \geqslant 1$，有

$$f_n(y) = \frac{1}{\Delta_n}[\sin(x+\Delta_n+y)-\sin(x+y)]f(y), \quad |f_n(y)| \leqslant |f(y)|,$$

且

$$f_n(y) \to \cos(x+y)f(y).$$

由 Lebesgue 控制收敛定理得

$$\frac{\mathrm{d}}{\mathrm{d}x}\int_a^b \sin(x+y)f(y)\mathrm{d}y = \lim_{\Delta_n \to 0}\int_a^b f_n(y)\mathrm{d}y$$

$$= \int_a^b \cos(x+y)f(y)\mathrm{d}y.$$

证毕.

例 4.6 设 $f_n(x) = x^n, n = 1, 2, \cdots, x \in [0,1]$，试证

$$\lim_{n \to \infty}\int_{[0,1]} x^n \mathrm{d}x = 0.$$

证明 显然

$$\lim_{n \to \infty} f_n(x) = f(x) = \begin{cases} 0, & x \in [0,1), \\ 1, & x = 1. \end{cases}$$

另外

$$|f_n(x)| = |x^n| \leqslant 1, \quad x \in [0,1].$$

又 $\int_{[0,1]} 1\mathrm{d}x = 1$. 由 Lebesgue 控制收敛定理得

$$\lim_{n\to\infty}\int_{[0,1]} x^n \mathrm{d}x = \int_0^1 \lim_{n\to\infty} x^n \mathrm{d}x = 0.$$

证毕.

注:尽管 x^n 在 $[0,1]$ 上不一致收敛于 0,但积分与极限交换运算仍然成立.

例 4.7 设 $f_n(x) = \dfrac{\sin x}{1+n^2\sqrt{x}}, n \in \mathbf{N}$,试证

$$\lim_{n\to\infty}\int_{[0,1]} \frac{\sin x}{1+n^2\sqrt{x}}\mathrm{d}x = 0.$$

证明 因为

$$\mid f_n(x)\mid \leqslant \frac{n}{1+n^2\sqrt{x}} < \frac{1}{n\sqrt{x}} \leqslant \frac{1}{\sqrt{x}}, \quad \int_{[0,1]}\frac{1}{\sqrt{x}}\mathrm{d}x = 2,$$

所以

$$\lim_{n\to\infty}\int_{[0,1]} \frac{\sin x}{1+n^2\sqrt{x}}\mathrm{d}x = 0.$$

证毕.

定理 4.3.6 (Beppo-Levi 定理) 设 $f_k \in L(E)$,且

$$\sum_{k=1}^{\infty}\int_E \mid f_k(x)\mid \mathrm{d}x < \infty,$$

则级数 $\sum_{k=1}^{\infty}f_k(x)$ 在 E 上几乎处处收敛,它的和函数是可积的,且

$$\int_E \sum_{k=1}^{\infty}f_k(x)\mathrm{d}x = \sum_{k=1}^{\infty}\int_E f_k(x)\mathrm{d}x.$$

证明 令

$$\varphi(x) := \sum_{k=1}^{\infty}\mid f_k(x)\mid,$$

根据推论 4.2.4 得,它的和函数 $\varphi(x)$ 是非负、可测的,且

$$\int_E \varphi(x)\mathrm{d}x = \sum_{k=1}^{\infty} \int_E | f_k(x) | \, \mathrm{d}x < \infty.$$

所以函数 φ 是可积的,这样 φ 是几乎处处有限的. 因此级数 $\sum_{k=1}^{\infty} | f_k(x) |$ 是几乎处处收敛的,进而级数 $\sum_{k=1}^{\infty} f_k(x)$ 是几乎处处绝对收敛的. 记

$$f(x) := \sum_{k=1}^{\infty} f_k(x).$$

因为

$$\sum_{k=1}^{n} f_k(x) \leqslant \varphi(x),$$

根据 Lebesgue 控制收敛定理得

$$\begin{aligned}
\int_E f(x)\mathrm{d}x &= \int_E \sum_{k=1}^{\infty} f_k(x)\mathrm{d}x \\
&= \int_E \lim_{n \to \infty} \sum_{k=1}^{n} f_k(x)\mathrm{d}x \\
&= \lim_{n \to \infty} \int_E \sum_{k=1}^{n} f_k(x)\mathrm{d}x \\
&= \lim_{n \to \infty} \sum_{k=1}^{n} \int_E f_k(x)\mathrm{d}x \\
&= \sum_{k=1}^{\infty} \int_E f_k(x)\mathrm{d}x.
\end{aligned}$$

证毕.

注:Fatou 引理可以推广到一般可积函数,这里不再赘述.

定理 4.3.7 (积分的可数可加性 complete additivity of an integral) 设 $f \in L(E)$, $\{E_k\}_{k=1}^{\infty}$ 是 E 的一个划分,则

$$\int_{\bigcup\limits_{k=1}^{\infty} E_k} f(x)\mathrm{d}x = \sum_{k=1}^{\infty} \int_{E_k} f(x)\mathrm{d}x.$$

证明 不妨设 f 非负,(不然就讨论 f_+ 和 f_-),$\forall n \geqslant 1$,令

$$f_n(x) = \begin{cases} f(x), & x \in \bigcup_{k=1}^{n} E_k, \\ 0, & x \notin \bigcup_{k=1}^{n} E_k, \end{cases}$$

则 f_n 非负,且 $\forall x \in E$, f_n 单增收敛于 $f(x)$. 因此由单调收敛定理得

$$\lim_{n \to \infty} \int_E f_n(x) \mathrm{d}x = \int_E f(x) \mathrm{d}x.$$

但由 f_n 的定义及定理 4.3.6 得

$$\int_E f_n(x) \mathrm{d}x = \int_{\bigcup_{k=1}^{n} E_k} f(x) \mathrm{d}x$$
$$= \sum_{k=1}^{n} \int_{E_k} f(x) \mathrm{d}x.$$

因此定理 4.3.7 成立.

证毕.

例 4.8 令

$$f(x) = \frac{(-1)^{n+1}}{n}, \quad x \in (n-1, n], \quad n = 1, 2, \cdots.$$

显然 $\{(n-1, n]\}_{n=1}^{\infty}$ 是 $(0, +\infty)$ 的一个划分,且

$$\sum_{n=1}^{\infty} \int_{n-1}^{n} f(x) \mathrm{d}x = \sum_{n=1}^{\infty} \frac{(-1)^{n+1}}{n} = \ln 2.$$

但

$$\int_0^{\infty} | f(x) | \mathrm{d}x = \sum_{n=1}^{\infty} \frac{1}{n} = \infty.$$

即 $| f(x) |$ 在 $(0, +\infty)$ 上不可积,从而 $f(x)$ 在 $(0, +\infty)$ 上不可积.

注:例 4.8 表明定理 4.3.7 中条件 $f \in L(E)$ 不可少.

定理 4.3.8 (积分绝对连续性,absolute continuity of an integral) 设 $f \in L(E)$,则 $\forall \varepsilon > 0$, $\exists \delta > 0$,使得 $A \subset E$ 是可测集,只要 $m(A) < \delta$ 时,就有

$$\left|\int_A f(x)\mathrm{d}x\right| < \varepsilon.$$

证明 不妨设 f 是非负的(不然讨论 f_+ 和 f_-). $\forall n \geqslant 1$,令

$$f_n(x) = \begin{cases} f(x), & 0 \leqslant f(x) \leqslant n, \\ n, & f(x) > n. \end{cases}$$

则 $f_n, n \geqslant 1$,是非负可测的,且 $\forall x \in E, \{f_n\}_{n\geqslant 1}$ 单增收敛于 $f(x)$. 因为 $f \in L(E)$,从而 $f_n \in L(E)$,由单增收敛定理得

$$\int_E f_n(x)\mathrm{d}x \to \int_E f(x)\mathrm{d}x,$$

即

$$\int_E (f(x) - f_n(x))\mathrm{d}x \to 0.$$

因此 $\exists N$,当 $n \geqslant N$ 时,

$$0 \leqslant \int_E (f(x) - f_n(x))\mathrm{d}x < \frac{\varepsilon}{2}.$$

取 $\delta = \frac{\varepsilon}{2N}$,$\forall E$ 中的可测集 A,满足 $m(A) < \delta$,则

$$\left|\int_A f(x)\mathrm{d}x\right| = \int_A (f(x) - f_N(x))\mathrm{d}x + \int_A f_N(x)\mathrm{d}x$$

$$\leqslant \int_E (f(x) - f_N(x))\mathrm{d}x + N \cdot m(A) < \frac{\varepsilon}{2} + N \cdot \delta$$

$$= \varepsilon.$$

证毕.

定义 4.3.2 设函数 f 定义在 $[a,b]$ 上,$\forall \varepsilon > 0$,$\exists \delta > 0$ 对 $[a,b]$ 中任意有限个互不相交的开区间 $\{(a_i,b_i)\}, i = 1,2,\cdots,n$,只要 $\sum_{i=1}^n (b_i - a_i) < \delta$,都有

$$\sum_{i=1}^n |f(b_i) - f(a_i)| < \varepsilon.$$

则称 f 是 $[a,b]$ 上的绝对连续函数.

推论 4.3.9 设 $f \in L([a,b])$,则 $F(x) = \int_a^x f(x)\mathrm{d}x$ 是 $[a,b]$ 上的绝对连续函数.

4.4 有限区间 $[a,b]$ 上 Riemann 积分和 Lebesgue 积分的关系

在这一节,我们介绍有限区间 $[a,b]$ 上 Riemann 积分和 Lebesgue 积分之间的关系,并得到函数 Riemann 可积的充要条件. 分别记 f 在 $[a,b]$ 上的 Riemann 积分和 Lebesgue 积分为 $(R)\int_a^b f(x)\mathrm{d}x$ 和 $(L)\int_a^b f(x)\mathrm{d}x$.

设 f 在 $[a,b]$ 上为有界可测函数,$\forall x \in [a,b]$,令

$$M_\delta(x) := \sup\{f(t) : t \in (x-\delta, x+\delta) \cap [a,b]\},$$

$$m_\delta(x) := \inf\{f(t) : t \in (x-\delta, x+\delta) \cap [a,b]\}.$$

对固定的 x,显然 $M_\delta(x)$ 关于 δ 是单调增加的,且 $m_\delta(x)$ 关于 δ 是单调减小的,从而

$$M_0(x) := \lim_{\delta \to 0^+} M_\delta(x), \quad m_0(x) := \lim_{\delta \to 0^+} m_\delta(x), \quad x \in [a,b],$$

分别称 $M_0(x)$ 和 $m_0(x)$ 是 $f(x)$ 在点 x 处的 Baire 上函数和 Baire 下函数. 不难证明下面关系成立:

$$m_\delta(x) \leqslant m_0(x) \leqslant f(x) \leqslant M_0(x) \leqslant M_\delta(x), \quad \forall x \in [a,b]. \quad (4.8)$$

定理 4.4.1 (Baire 定理)设 f 在 $[a,b]$ 上有界,$x_0 \in [a,b]$,则 f 在 x_0 处点连续的充要条件是 $M_0(x_0) = m_0(x_0)$.

证明 (1) 若 f 在 x_0 连续,则 $\forall \varepsilon > 0$,$\exists \delta > 0$,当 $x \in (x_0-\delta, x_0+\delta) \cap [a,b]$,有

$$| f(x) - f(x_0) | < \varepsilon,$$

即

$$f(x_0) - \varepsilon < f(x) < f(x_0) + \varepsilon.$$

此时

$$f(x_0) - \varepsilon \leqslant m_\delta(x_0) \leqslant m_0(x) \leqslant M_0(x) \leqslant M_\delta(x_0) \leqslant f(x_0) + \varepsilon,$$

从而

$$0 \leqslant M_0(x_0) - m_0(x_0) \leqslant 2\varepsilon.$$

由 ε 的任意性知

$$M_0(x_0) = m_0(x_0).$$

(2) 若 $M_0(x_0) = m_0(x_0)$, 即

$$\lim_{\delta \to 0^+} [M_\delta(x_0) - m_\delta(x_0)] = 0.$$

从而存在 $\delta > 0$, 使得

$$M_\delta(x_0) - m_\delta(x_0) < \varepsilon.$$

于是当 $x \in (x_0 - \delta, x_0 + \delta) \bigcap [a,b]$ 时, 由 (4.8) 式得

$$| f(x) - f(x_0) | \leqslant M_\delta(x_0) - m_\delta(x_0) < \varepsilon.$$

这样 $f(x)$ 在 x_0 处点连续.

证毕.

定理 4.4.2 设 f 在 $[a,b]$ 上有界, 则 f 的 Baire 上函数 $M_0(x)$ 及 Baire 下函数 $m_0(x)$ 都是有界可测函数, 从而它们在 $[a,b]$ 上 L-可积.

证明 $\forall n \geqslant 1$, 把 $[a,b]$ 等分成 2^n 个小区间

$$\{[x_{k-1}^{(n)}, x_k^{(n)}]\}_{1 \leqslant k \leqslant 2^n},$$

其中

$$x_k^{(n)} = a + \frac{k(b-a)}{2^n}, \quad x_k^{(n)} - x_{k-1}^{(n)} = \frac{b-a}{2^n}.$$

令

$$M_k^{(n)} = \sup\{f(x) : x \in [x_{k-1}^{(n)}, x_k^{(n)}]\},$$
$$m_k^{(n)} = \inf\{f(x) : x \in [x_{k-1}^{(n)}, x_k^{(n)}]\},$$

$$\chi_{n,k}(x) = \chi_{[x_{k-1}^{(n)}, x_k^{(n)}]}(x),$$

$$U_n(x) = \sum_{k=1}^{2^n} M_k^{(n)} \chi_{n,k}(x),$$

$$L_n(x) = \sum_{k=1}^{2^n} m_k^{(n)} \chi_{n,k}(x),$$

$$S_n(x) = \frac{b-a}{2^n} \sum_{k=1}^{2^n} M_k^{(n)},$$

$$s_n(x) = \frac{b-a}{2^n} \sum_{k=1}^{2^n} m_k^{(n)}.$$

其中 $S_n(x), s_n(x)$ 分别是对应于网 $\{x_k^{(n)}\}_k$ 的 Daboux 上、下和.

易得

(P_1) $L_n(x) \leqslant f(x) \leqslant U_n(x)$, 且 $L_n(x), U_n(x)$ 都是简单函数.

(P_2) $\forall x \in [a,b], \{L_n(x)\}_{n \geqslant 1}$ 是单调增加的, $\{U_n(x)\}_{n \geqslant 1}$ 是单调减小的.

(P_3)

$$s_n = (R)\int_a^b L_n(x)\mathrm{d}x = (L)\int_a^b L_n(x)\mathrm{d}x \leqslant (L)\int_a^b U_n(x)\mathrm{d}x = (R)\int_a^b U_n(x)\mathrm{d}x = S_n.$$

由(P_2)得

$$\lim_{n \to \infty} U_n(x) = U(x), \quad \lim_{n \to \infty} L_n(x) = L(x).$$

则根据(P_1)$-$(P_3)及 Lebesgue 控制收敛定理得

(P_4) $U(x)$ 及 $L(x)$ 是两个有界可测函数, 从而它们在 $[a,b]$ 上 L-可积, 且

$$L(x) \leqslant f(x) \leqslant U(x).$$

(P_5)

$$\lim_{n \to \infty} (L)\int_a^b L_n(x)\mathrm{d}x = (L)\int_a^b L(x)\mathrm{d}x \leqslant (L)\int_a^b U(x)\mathrm{d}x = \lim_{n \to \infty} (L)\int_a^b U_n(x)\mathrm{d}x.$$

(P_6) 在 $[a,b]$ 上,

$$M_0(x) \stackrel{\mathrm{a.e.}}{=} U(x), \quad m_0(x) \stackrel{\mathrm{a.e.}}{=} L(x).$$

事实上,令

$$A_{n,k} = \bigcup_{k=0}^{2^n} \{x_k^{(n)} : 0 \leqslant k \leqslant 2^n, n \geqslant 1\}.$$

则 $A = \bigcup_{n=1}^{\infty} A_{n,k}$ 是零测集. 设 $x \in [a,b] \backslash A, \forall n \geqslant 1$, 则 $\exists k$ 及 $\delta > 0$, 使得

$$x_{k-1}^{(n)} < x - \delta < x < x + \delta < x_k^{(n)}.$$

从而

$$m_0(x) \geqslant m_\delta(x) \geqslant m_k^{(n)} = L_n(x).$$

令 $n \to \infty$ 得

$$m_0(x) \geqslant L(x).$$

另一方面, $\forall \delta > 0$, 必有 n, k, 使得

$$x - \delta < x_{k-1}^{(n)} < x < x_k^{(n)} < x + \delta.$$

于是

$$m_\delta(x) \leqslant m_k^{(n)} = L_n(x) \leqslant L(x).$$

由 $m_\delta(x) \leqslant L(x)$ 及 $\delta \to 0^+$ 得

$$m_0(x) \leqslant L(x).$$

因此

$$m_0(x) = L(x).$$

同理可证

$$M_0(x) = U(x), \quad x \in [a,b] \backslash A.$$

证毕.

定理 4.4.3 设 f 是 $[a,b]$ 上的有界函数, 则 f 是 $[a,b]$ 上 R- 可积的 $\Leftrightarrow f$ 在 $[a, b]$ 上几乎处处连续. 此外, 当 f 为 R- 可积时, 则 f 必 L- 可积, 且两个积分值相同.

证明 所有符号类似于定理 4.4.2 中的符号. 设 f 在 $[a,b]$ 上是 R- 可积的, 则由数学分析中的知识得

$$S_n - s_n \to 0, \quad n \to \infty.$$

由(P_3)、(P_4) 和(P_6) 得

$$(L)\int_a^b [M_0(x) - m_0(x)]\mathrm{d}x = 0.$$

但

$$M_0(x) - m_0(x) \geqslant 0.$$

因此

$$M_0(x) - m_0(x) \overset{\text{a. e.}}{=\!=} 0.$$

根据定理 4. 4. 2,f 在$[a,b]$ 上几乎处处连续.

反之,f 在$[a,b]$ 上几乎处处连续,则 $f = M_0(x) \overset{\text{a. e.}}{=\!=} m_0(x)$. 结合$(P_4)$ 和(P_6) 得,f 在$[a,b]$ 上 L-可积. 再根据

$$(R)\int_a^b L_n(x)\mathrm{d}x \leqslant (R)\int_a^b f(x)\mathrm{d}x \leqslant (R)\int_a^b U_n(x)\mathrm{d}x,$$

及(P_3) 和(P_5) 得

$$(L)\int_a^b L(x)\mathrm{d}x \leqslant (R)\int_a^b f(x)\mathrm{d}x \leqslant (L)\int_a^b U(x)\mathrm{d}x.$$

因此

$$(L)\int_a^b f(x)\mathrm{d}x = (R)\int_a^b f(x)\mathrm{d}x.$$

下面证 f 在$[a,b]$ 上几乎处处连续时,f 必 R- 可积. 由定理 4. 4. 2 知

$$L(x) = M_0(x) = m_0(x) = U(x) \text{ a. e. },$$

再由(P_3) 和(P_5) 得

$$\lim_{n\to\infty}(S_n - s_n) = \lim_{n\to\infty}\Big[(L)\int_a^b U_n(x)\mathrm{d}x - (L)\int_a^b L_n(x)\mathrm{d}x\Big]$$

$$= (L)\int_a^b [U(x) - L(x)]\mathrm{d}x = 0.$$

所以 f 必 R- 可积,且两个积分值相同.

证毕.

> **注**:定理 4.4.3 表明有限区间上 Lebesgue 积分是 Riemann 积分的推广,且两个积分值相同.人们根据具体情况,通过 Riemann 积分计算,从而得到 Lebesgue 积分,或先计算 Lebesgue 积分,进而得到 Riemann 积分.

例 4.9 设 χ_c 是 Cantor 完备集的示性函数,则 χ_c 在 $[0,1]$ 上不连续点的全体为 C,因为 $m(C) = 0$,所以 χ_c 在 $[0,1]$ 上 R- 可积,且

$$(R)\int_0^1 \chi_c(x)\mathrm{d}x = (L)\int_0^1 \chi_c(x)\mathrm{d}x = (L)\int_C 1\mathrm{d}x = m(C) = 0.$$

例 4.10 在第 2 节例 4.2 中,利用定义求得 $(L)\int_0^\infty \mathrm{e}^{-x}\mathrm{d}x = 1$. 下面利用定理 4.4.3,计算 $(L)\int_0^\infty \mathrm{e}^{-x}\mathrm{d}x$.

解 令

$$f_n(x) = \begin{cases} \mathrm{e}^{-x}, & 0 \leqslant x \leqslant n, \\ 0, & x > n. \end{cases}$$

因为 e^{-x} 在 $[0,n]$ 上 Riemann 可积,所以由定理 4.4.3 知

$$(L)\int_0^\infty f_n(x)\mathrm{d}x = (L)\int_0^n \mathrm{e}^{-x}\mathrm{d}x = (R)\int_0^n \mathrm{e}^{-x}\mathrm{d}x = 1 - \mathrm{e}^{-n}.$$

$\forall\, x \geqslant 0, \{f_n(x)\}_{n=1}^\infty$ 单增收敛于 e^{-x}. 故由 Levi 单调收敛定理,

$$(L)\int_0^\infty \mathrm{e}^{-x}\mathrm{d}x = \lim_{n\to\infty}(L)\int_0^\infty f_n(x)\mathrm{d}x = \lim_{n\to\infty}(1 - \mathrm{e}^{-n}) = 1.$$

例 4.11 设 $E = [0,2]$,

$$f(x) = \begin{cases} x^2 + 1, & x \in [0,1] \bigcap \mathbf{Q}^c, \\ 3x - 2, & x \in [1,2] \bigcap \mathbf{Q}^c, \\ 0, & x \in [0,2] \bigcap \mathbf{Q}. \end{cases}$$

试求 $\int_E f(x)\mathrm{d}x$.

解 因为 $m([0,2] \bigcap \mathbf{Q}) = 0$,所以

$$f(x) \overset{\text{a.e}}{=} x^2 + 1, \quad x \in [0,1], \quad f(x) \overset{\text{a.e}}{=} 3x - 2, \quad x \in [1,2].$$

众所周知 $x^2 + 1(x \in [0,1])$ 和 $3x - 2(x \in [1,2])$ 都是 R- 可积函数,所以

$$
\begin{aligned}
\int_E f(x) \mathrm{d}x &= \int_{[0,1]} f(x) \mathrm{d}x + \int_{[1,2]} f(x) \mathrm{d}x \\
&= \int_{[0,1]} (x^2 + 1) \mathrm{d}x + \int_{[1,2]} (3x - 2) \mathrm{d}x \\
&= \int_0^1 (x^2 + 1) \mathrm{d}x + \int_1^2 (3x - 2) \mathrm{d}x \\
&= \frac{23}{6}.
\end{aligned}
$$

4.5 重积分、Fubini 定理

前面我们学习了一维 Lebesgue 测度与积分,它对理解多维 Lebesgue 测度与积分有着一定帮助作用. 在这一节,我们简单介绍重积分、累次积分及 Fubini 定理.

(1) Lebesgue 积分推广到复值函数(complex function)

定义 4.5.1 设 $f(x)$ 是 E 上的复值函数,$\forall x \in E, f(x) = f_1(x) + \mathrm{i}f_2(x)$,如果 $f_1, f_2 \in L(E)$,则称

$$\int_E f_1(x) \mathrm{d}x + \mathrm{i} \int_E f_2(x) \mathrm{d}x$$

为 f 在 E 上的 Lebesgue 积分,记为 $\int_E f(x) \mathrm{d}x$.

相关积分性质仍然成立,这里不再赘述(见参考文献[14]).

(2) Lebesgue 积分推广到 $\mathbf{R}^n, n > 1$

① 乘积空间(product space)

定义 4.5.2 令

$$X \times Y = \{(x,y): x \in X, y \in Y\},$$

则称它为 X, Y 的乘积空间.

例 4.12 实平面 $\mathbf{R}^2 = \mathbf{R}^1 \times \mathbf{R}^1$ 就可以看成实直线 $\mathbf{R}^1$ 和 $\mathbf{R}^1$ 的乘积空间.

设 $(X,S),(Y,T)$ 是两个可测空间. 令

$$P = \{A \times B : A \in X, B \in Y\}.$$

用 $S \times T$ 表示包含 P 最小 σ-代数. 称 $(X \times Y, S \times T)$ 为 $(X,S),(Y,T)$ 乘积可测空间.

设 $E \subseteq X \times Y$, 用 $E_x = \{y : (x,y) \in (X,Y)\}$ 表示 E 的被 x 决定的截口 (section), $E_y = \{x : (x,y) \in (X,Y)\}$ 表示 E 的被 y 决定的截口. 因此当 E 可测时, 则 E_x, E_y 也是可测的.

② 乘积测度 (product measure)

定义 4.5.3 设 $(X,S,m_1),(Y,T,m_2)$ 是两个 σ-有限的测度空间, 则在乘积可测空间 $(X \times Y, S \times T)$ 上定义集函数 μ, 满足

$$\mu(A \times B) = m_1(A)m_2(B), \quad A \times B \in S \times T.$$

然后完备化得到一般乘积测度, 记为 $m_1 \times m_2$. 进而 $A \times B \subset S \times T$, 则

$$(m_1 \times m_2)(A \times B) = m_1(A)m_2(B).$$

分别称

$$(X \times Y, S \times T, m_1 \times m_2), \quad m_1 \times m_2$$

为乘积测度空间 (product measures pace) 与乘积测度 (product measure).

前面讨论 $\mathbf{R}$ 上的 Lebesgue 积分的定义、性质及其主要结果, 对 $\mathbf{R}^n$ 中都可以类似地推广, 我们将得到相关的结论, 由于多元 Lebesgue 积分涉及乘积测度等内容, 这里我们不再一一介绍. 接下来, 我们介绍 Fubini 定理及 Tonelli 定理及它们在交换积分次序运算中的应用.

定理 4.5.1 (Fubini 定理) 设 $f(x,y)$ 是 $\mathbf{R}^{p+q} = \mathbf{R}^p \times \mathbf{R}^q$ 上的可积函数, $p,q \in \mathbf{N}$, 则

(1) 几乎对所有的 $x \in \mathbf{R}^p, f(x,y)$ 是 y 的可积函数.

(2) 几乎处处有定义的函数 $g(x) = \displaystyle\int_{\mathbf{R}^q} f(x,y)\mathrm{d}y$ 是在 $\mathbf{R}^p$ 上可积的.

(3) 下面等式成立

$$\int_{\mathbf{R}^p \times \mathbf{R}^q} f(x,y)\mathrm{d}x\mathrm{d}y = \int_{\mathbf{R}^p} \left(\int_{\mathbf{R}^q} f(x,y)\mathrm{d}y \right) \mathrm{d}x$$

$$= \int_{\mathbf{R}^q} \left(\int_{\mathbf{R}^p} f(x,y)\mathrm{d}x \right) \mathrm{d}y. \tag{4.9}$$

推论 4.5.2 （Tonelli 定理）设 $f(x,y)$ 是 $\mathbf{R}^{p+q}$ 上的可测函数,而且 $|f(x,y)|$ 的两个累次积分 $\int_{\mathbf{R}^p} \left(\int_{\mathbf{R}^q} |f(x,y)|\mathrm{d}y \right) \mathrm{d}x$, $\int_{\mathbf{R}^q} \left(\int_{\mathbf{R}^p} |f(x,y)|\mathrm{d}x \right) \mathrm{d}y$ 有一个存在,则另一个累次积分及 $\int_{\mathbf{R}^p \times \mathbf{R}^q} f(x,y)\mathrm{d}x\mathrm{d}y$ 也存在,且(4.9)式成立.

注:Fubini 定理及 Tonelli 定理在交换积分次序运算中非常有用.

例 4.13 设 $f(x),g(y)$ 是分别定义在 X,Y 上的 u,v 可积函数,则 $h(x,y)=f(x)g(y)$ 是乘积空间 $X \times Y$ 上的可积函数,且有 $\int_{X \times Y} h\,\mathrm{d}(u \times v) = \int_X f\,\mathrm{d}u \int_Y g\,\mathrm{d}v$,当 u,v 为 Lebesgue 测度时,即为二重积分.

证明 (1) 如果 $f(x) = \chi_{E_1}(x)$, $g(y) = \chi_{E_2}(y)$, E_1,E_2 为 X,Y 上的可测集,则 $h(x,y) = \chi_{E_1 \times E_2}(x,y)$,于是

$$\int_{X \times Y} h\,\mathrm{d}(u \times v) = u(E_1)v(E_2) = \int_X f\,\mathrm{d}u \int_Y g\,\mathrm{d}v.$$

(2) 当 $f(x),g(y)$ 分别为 $X \times Y$ 上的简单函数时,

$$f(x) = \sum_{k=1}^{m} a_k \chi_{E_k}(x), \quad g(y) = \sum_{j=1}^{n} b_j \chi_{E_j}(y),$$

且

$$h(x,y) = \sum_{k=1}^{m} \sum_{j=1}^{n} a_k b_j \chi_{E_k \times E_j}(x,y)$$

为 $X \times Y$ 上的简单函数. 由(1) 得

$$\int_{X \times Y} h(x,y)\mathrm{d}(u \times v) = \sum_{k=1}^{m} \sum_{j=1}^{n} a_k b_j u(E_k)v(E_j)$$

$$= \sum_{k=1}^{m} a_k u(E_k) \sum_{j=1}^{n} b_j v(E_j)$$

$$= \int_X f(x)\mathrm{d}u \int_Y g(y)\mathrm{d}v.$$

(3) 当 $f(x) \geqslant 0, g(y) \geqslant 0$ 时,因 $f(x)$ 在 X 上可积,存在非负简单函数列 $\{f_n\}_{n=1}^{\infty}$ 单增收敛于 f,使得

$$\lim_{n\to\infty} \int_X f_n \mathrm{d}x = \int_X f \mathrm{d}x.$$

同理,存在非负简单函数列 $\{g_n\}_{n\geqslant 1}$ 单增收敛于 g,使得

$$\lim_{n\to\infty} \int_Y g_n(y)\mathrm{d}v = \int_Y g(y)\mathrm{d}v.$$

因此

$$\lim_{n\to\infty} f_n g_n = fg, \quad 0 \leqslant f_1 g_1 \leqslant f_2 g_2 \leqslant \cdots \leqslant f_n g_n \leqslant \cdots,$$

由 Levi 定理得

$$\int_{X\times Y} h(x,y)\mathrm{d}u\mathrm{d}v = \lim_{n\to\infty} \int_{X\times Y} f_n(x) g_n(y)\mathrm{d}u\mathrm{d}v$$

$$= \lim_{n\to\infty} \int_X f_n(x)\mathrm{d}u \int_Y g_n(y)\mathrm{d}v$$

$$= \int_X f(x)\mathrm{d}u \int_Y g(y)\mathrm{d}v.$$

(4) 当 $f(x), g(y)$ 分别在 X, Y 上关于 u, v 可积时,则 f_+、f_- 在 X 上关于 u 可积,g_+、g_- 在 Y 上关于 v 可积. 由(3)知,$f_+ g_+, f_- g_-, f_+ g_-, f_- g_+$ 在 $X \times Y$ 上关于 $u \times v$ 可积. 于是 $h = h_+ - h_- = (f_+ g_+ + f_- g_-) - (f_+ g_- + f_- g_+)$ 在 $X \times Y$ 上关于 $u \times v$ 可积,且

$$\int_{X\times Y} h\,\mathrm{d}(u\times v) = \int_{X\times Y}(f_+ g_+ + f_- g_-)\mathrm{d}(u\times v) - \int_{X\times Y}(f_+ g_- + f_- g_+)\mathrm{d}(u\times v)$$

$$= \int_X f\,\mathrm{d}u \int_Y g\,\mathrm{d}v.$$

证毕.

例 4.14 设 $X = [0,1], Y = [0,1], u = m$,我们在 $X \times Y$ 上定义

$$E = \{(x,y): E_x, X\backslash E_y \text{ 都是可数集}, \forall x,y \in [0,1]\},$$

则 E 是不可测集.

证明 假设 E 是可测的,则

$$(u \times v)(E) = \int_{X \times Y} \chi_E(x,y) \mathrm{d}u \mathrm{d}v$$

$$= \int_{X \times Y} \chi_E(x,y) \mathrm{d}m \mathrm{d}m.$$

由 Fubini 定理得

$$\int_{X \times Y} \chi_E(x,y) \mathrm{d}m \mathrm{d}m = \int_Y \left(\int_X \chi_E(x,y) \mathrm{d}m \right) \mathrm{d}m$$

$$= \int_Y m(E_x(y)) \mathrm{d}m$$

$$= \int_X m(E_y(x)) \mathrm{d}m.$$

因为

$$mE_x = 0, \quad mE_y = m(X \backslash (X \backslash E_y)) = mX = 1.$$

所以

$$\int_Y m(E_x(y)) \mathrm{d}m = 0, \quad \int_X m(E_y(x)) \mathrm{d}m = 1.$$

与前面矛盾,因此 E 为不可测集.

证毕.

注:例 4.14 表明不可测集不仅存在而且很多.

接下来我们介绍卷积概念,它在概率论、积分变换等学科中都有着重要应用,也是 Fubini 定理和 Lebesgue 控制收敛定理的应用.

定义 4.5.4 令

$$\mathcal{F}[f] := \hat{f} = F(\omega) = \int_{-\infty}^{+\infty} f(t) \mathrm{e}^{-\mathrm{i}\omega t} \mathrm{d}t.$$

称 $\mathcal{F}[f]$ 为 $f(t)$ 的 Fourier 变换. $F(\omega)$ 的逆变换为

$$\mathcal{F}^{-1}[F] = f(t) = \frac{1}{2\pi} \int_{-\infty}^{+\infty} F(\omega) \mathrm{e}^{\mathrm{i}\omega t} \mathrm{d}\omega.$$

定义 4.5.5 设 $f_k(t) \in L(\mathbf{R}), k = 1, 2,$ 令

$$(f_1 * f_2)(t) := \int_{-\infty}^{+\infty} f_1(\tau) f_2(t - \tau) \mathrm{d}\tau,$$

称 $(f_1 * f_2)(t)$ 为 $f_1(t)$ 与 $f_2(t)$ 的卷积(convolution).

定理 4.5.3 (卷积定理) 设 $F_1(\omega) = \mathcal{F}[f_1(t)], F_2(\omega) = \mathcal{F}[f_2(t)],$ 则

$$\mathcal{F}[f_1(t) * f_2(t)] = F_1(\omega) \cdot F_2(\omega), \quad \mathcal{F}[f_1(t) \cdot f_2(t)] = \frac{1}{2\pi} F_1(\omega) * F_2(\omega).$$

证明 因为 $f_1, f_2 \in L(\mathbf{R}),$ 所以 $f_1 \cdot f_2 \in L(\mathbf{R}^2),$ 因此 $f_1 * f_2 \in L(\mathbf{R}).$

$$\mathcal{F}[f_1(t) * f_2(t)] = \int_{-\infty}^{+\infty} f_1(t) * f_2(t) \mathrm{e}^{-\mathrm{i}\omega t} \mathrm{d}t$$

$$= \int_{-\infty}^{+\infty} \left[\int_{-\infty}^{+\infty} f_1(\tau) f_2(t - \tau) \mathrm{d}\tau \right] \mathrm{e}^{-\mathrm{i}\omega t} \mathrm{d}t$$

$$= \int_{-\infty}^{+\infty} f_1(\tau) \left[\int_{-\infty}^{+\infty} f_2(t - \tau) \mathrm{e}^{-\mathrm{i}\omega t} \mathrm{d}t \right] \mathrm{d}\tau$$

$$= \int_{-\infty}^{+\infty} f_1(\tau) \mathrm{e}^{-\mathrm{i}\omega\tau} \left[\int_{-\infty}^{+\infty} f_2(t - \tau) \mathrm{e}^{-\mathrm{i}\omega(t - \tau)} \mathrm{d}t \right] \mathrm{d}\tau$$

$$= F_1(\omega) \cdot F_2(\omega).$$

同理可证 $\mathcal{F}[f_1(t) \cdot f_2(t)] = \frac{1}{2\pi} F_1(\omega) * F_2(\omega).$

证毕.

例 4.15 设 $f \in L(\mathbf{R}),$ 则 $F(x) = \hat{f}(x) = \int_{\mathbf{R}} \mathrm{e}^{-\mathrm{i}tx} f(t) \mathrm{d}t$ 是 $\mathbf{R}$ 上的连续函数, 且

$$F(x) = \frac{\mathrm{d}}{\mathrm{d}t} \left(\int_{\mathbf{R}} \frac{\mathrm{e}^{-\mathrm{i}tx} - 1}{\mathrm{i}t} f(t) \mathrm{d}t \right).$$

证明 $\forall x \in \mathbf{R},$

$$F(x + \Delta x) - F(x) = \int_{\mathbf{R}} \left[\mathrm{e}^{-\mathrm{i}t(x + \Delta x)} - \mathrm{e}^{-\mathrm{i}tx} \right] f(t) \mathrm{d}t.$$

因为

$$| (e^{-it(x+\Delta x)} - e^{-itx}) f(t) | \leqslant 2 | f(t) | \in L(\mathbf{R}).$$

由 Lebesgue 控制收敛定理得

$$\lim_{\Delta x \to 0} [F(x+\Delta x) - F(x)] = \int_{\mathbf{R}} \lim_{\Delta x \to 0} (e^{-it(x+\Delta x)} - e^{-itx}) f(t) \mathrm{d}t = 0,$$

因此 $F(x)$ 在 $(-\infty, +\infty)$ 上连续. 此外, 令

$$g(x) = \int_{\mathbf{R}} \frac{e^{-itx} - 1}{-it} f(t) \mathrm{d}t,$$

则

$$\frac{g(x+\Delta x) - g(x)}{\Delta x} = \int_{\mathbf{R}} \frac{\left(\dfrac{e^{-it(x+\Delta x)} - 1}{-it} - \dfrac{e^{-itx} - 1}{-it} \right) f(t)}{\Delta x} \mathrm{d}t$$

$$= \int_{\mathbf{R}} \frac{e^{-itx} (e^{-it\Delta x} - 1)}{-it} \cdot \frac{f(t)}{\Delta x} \mathrm{d}t.$$

由微分中值定理得

$$\left| \frac{e^{-itx} (e^{-it\Delta x} - 1)}{-it} \cdot \frac{f(t)}{\Delta x} \right| = \left| \frac{e^{-itx} \cdot e^{-it\theta \Delta x} \cdot (-it\Delta x)}{-it\Delta x} f(t) \right|$$

$$\leqslant | f(t) | \in L(\mathbf{R}), \quad 0 < \theta < 1.$$

根据 Lebesgue 控制收敛定理得

$$\frac{\mathrm{d}g(x)}{\mathrm{d}x} = \lim_{\Delta x \to 0} \frac{g(x+\Delta x) - g(x)}{\Delta x}$$

$$= \lim_{\Delta x \to 0} \int_{\mathbf{R}} e^{-itx} \cdot e^{-it\theta \Delta x} f(t) \mathrm{d}t$$

$$= \int_{\mathbf{R}} e^{-itx} f(t) \mathrm{d}t = F(x).$$

证毕.

习题 4

1. 设 E 是 $[0,1]$ 的任一可测子集, 证明 E 的特征函数 χ_E 可积, 且

$$\int_0^1 \chi_E(x)\,\mathrm{d}x = m(E).$$

2. 设 $E_k, k = 1, 2, \cdots, N_0$，是互不可交的可测集，$E := \bigcup_{k=1}^{N_0} E_k$ 上非负简单函数 $\varphi := \sum_{k=1}^{N_0} c_k \chi_{E_k}$。如果

$$\int_E \varphi(x)\,\mathrm{d}x > m(E),$$

则 $\max_{1 \leqslant k \leqslant N_0} \{c_k\} > 1$。

3. 设 C 是 $[0,1]$ 上 Cantor 三分集，定义函数 f 如下：$f(x) = 0, x \in C$，而在 C 的余集中长度为 $\frac{1}{3^n}$ 的构成区间上 $f(x) = n, x \in I_{n,k}$，试证 f 在 E 上可积，并求积分 $\int_{[0,1]} f(x)\,\mathrm{d}x$ 的值。

4. 设 f 是 E 上的可测函数，则对于任一固定的正数 $\sigma > 0$，则契比雪夫不等式

$$m(E[\,|f| \geqslant \sigma\,]) \leqslant \frac{1}{\sigma}\int_E |f(x)|\,\mathrm{d}x$$

成立。

5. 设函数 $f(x) = \sum_{n=0}^{\infty} n^a x^n (\alpha < 0)$，则 f 在 $[0,1]$ 上可积。

6. 设 f, g 在 E 上可测，f^2, g^2 在 E 上可积，证明 fg 在 E 上可积。

7. 利用 Lebesgue 控制收敛定理求下列积分：

(1) $\lim_{n \to \infty} \int_1^{+\infty} \frac{\sqrt{x}}{1 + nx^3}\,\mathrm{d}x$。

(2) $\lim_{n \to \infty} \int_0^{+\infty} \frac{1}{\left(1 + \frac{x}{n}\right)^n \sqrt[n]{x}}\,\mathrm{d}x$。

(3) $\lim_{n \to \infty} \int_0^{\infty} \frac{\ln(x + n)}{n} \mathrm{e}^{-x} \cos x\,\mathrm{d}x$。

(4) $\lim_{n \to \infty} \int_0^n \left(1 + \frac{x}{n}\right)^n \mathrm{e}^{-2x}\,\mathrm{d}x$。

8. 求下列积分：

(1) $\int_0^1 \frac{x^{m-1}}{1 + x^n}\,\mathrm{d}x$。

(2) $\displaystyle\int_0^1 \frac{\ln(1-x)}{x}\mathrm{d}x$.

(3) $\displaystyle\int_0^1 \left(\frac{\ln x}{1-x}\right)^2 \mathrm{d}x$.

(4) $\displaystyle\int_0^{+\infty} \frac{x}{\mathrm{e}^x-1}\mathrm{d}x$.

9. 设 $\{f\}_{n=1}^{\infty}$ 是 E 上一列可积函数且 $f_n \xrightarrow{\text{a.e.}} f$,如果存在常数 K 使得,

$$\int_E \mid f_n(x) \mid \mathrm{d}x \leqslant K,$$

则 f 是 E 上可积函数.

提示:运用 Fatou 引理证明.

10. 令

$$f(x) = \begin{cases} \mathrm{e}^{x^2} + 1, & x \text{ 为}[0,1] \text{ 上的有理数}, \\ \dfrac{1}{\sqrt{x}}, & x \text{ 为}[0,1] \text{ 上的无理数}, \end{cases}$$

试求 $\displaystyle\int_0^1 f(x)\mathrm{d}x$.

11. 设函数 $f(x)$ 定义为

$$f(x) = \begin{cases} \sin x, & x \text{ 为有理数}, \\ \cos^2 x, & x \text{ 为无理数}, \end{cases}$$

试求 $\displaystyle\int_0^{\frac{\pi}{2}} f(x)\mathrm{d}x$.

12. 设定义在 $[0,1]\times[0,1]$ 上的函数

$$f(x,y) = \begin{cases} 1, & x \in \mathbf{Q}, \\ 2y, & x \notin \mathbf{Q}, \end{cases}$$

试求 $\displaystyle\int_0^1\int_0^1 f(x,y)\mathrm{d}x\mathrm{d}y$.

13. 设 $f(x)$ 在 $\mathbf{R}^1$ 上非负可积,且 $\displaystyle\int_{\mathbf{R}^2} f(4x)f(x+y)\mathrm{d}x\mathrm{d}y = 1$,试求 $\displaystyle\int_{\mathbf{R}^1} f(x)\mathrm{d}x$.

14. 设 $f(x)$ 是 (a,b) 上的可积函数,试证

$$\lim_{t\to\infty}\int_{(a,b)} f(x)\mathrm{e}^{\mathrm{i}tx}\mathrm{d}x = 0.$$

5 L^p 空间

本章主要介绍 L^p 空间理论，$1 \leqslant p < \infty$，主要包括各种可积函数类的整体性质及其相互关系，它是泛函分析的基础. L^2 空间中的 Fourier 变换在微分方程、概率论与函数论等学科有着重要的应用.

5.1 Banach 空间 L^1

定义 5.1.1　设 X 是 $\mathbf{R}$（或 $\mathbf{C}$）上一个向量空间，从 X 到 $\mathbf{R}$ 上映射 $\parallel \cdot \parallel$ 称为 X 上的范数(norm)，如果它满足：

(1) 对所有的 $x \in X$，$\parallel x \parallel \geqslant 0$，$\parallel x \parallel = 0$ 当且仅当 $x = 0$；

(2) 对所有的 $\alpha \in \mathbf{R}$（或 $\mathbf{C}$），都有 $\parallel \alpha x \parallel = |\alpha| \cdot \parallel x \parallel$；

(3) 对任意的 $x, y \in X$，都有 $\parallel x + y \parallel \leqslant \parallel x \parallel + \parallel y \parallel$.

此时，$(X, \parallel \cdot \parallel)$ 称为赋范线性空间(normed linear space).

例 5.1　(1) 数集中的绝对值 $|\cdot|$ 是 $\mathbf{R}$（或 $\mathbf{C}$）上的范数. 进而 $(\mathbf{R}, |\cdot|)$（或 $(\mathbf{C}, |\cdot|)$）为赋范线性空间.

(2) 令

$$\parallel x \parallel_2 := \sqrt{\sum_{k=1}^{n} |x_k|^2},$$

其中 $x = (x_1, x_2, \cdots, x_n)^{\mathrm{T}} \in \mathbf{R}^n$（或 $\mathbf{C}^n$），则 $\parallel \cdot \parallel_2$ 是 $\mathbf{R}^n$（或 $\mathbf{C}^n$）上范数. 进而 $(\mathbf{R}^n, \parallel \cdot \parallel_2)$（或 $(\mathbf{C}^n, \parallel \cdot \parallel_2)$）为赋范线性空间.

定义 5.1.2　对于固定的 $1 \leqslant p < \infty$，令

$$L^p(E) := \left\{ f : \int_E |f(x)|^p \mathrm{d}x < \infty \right\},$$

称 $L^p(E)$ 为 L^p 空间. 当 $p=1$ 时, 称 $L^1(E)$ 为 L^1 空间; 当 $p=2$ 时, $L^2(E)$ 为 L^2 空间.

我们知道, 如果在可测集 E 上 $f \overset{\text{a.e.}}{=} g$, 则

$$\int_E f(x)\mathrm{d}x = \int_E g(x)\mathrm{d}x.$$

称在可测集 E 上 $f \overset{\text{a.e.}}{=} g$ 的两个函数为等价(equivalence), 记为 $f \sim g$. 不难证明 $L^1(E)/\sim$ 是线性空间. 为了方便将 $L^1(E)/\sim$ 仍然记为 $L^1(E)$. 令

$$\| f \|_1 := \int_E | f(x) | \mathrm{d}x.$$

因为

(1) 对所有的 $f \in L^1(E)$, $\| f \|_1 \geqslant 0$, $\| f \|_1 = 0$ 当且仅当 $f = 0$;

(2) 对所有的 $\alpha \in \mathbf{R}, f \in L^1(E)$, 都有

$$\| \alpha f \|_1 = \int_E | \alpha f(x) | \mathrm{d}x = | \alpha | \int_E | f(x) | \mathrm{d}x = | \alpha | \cdot \| f \|_1;$$

(3) 对任意的 $f, g \in L^1(E)$, 都有

$$\| f + g \|_1 = \int_E | f(x) + g(x) | \mathrm{d}x$$

$$\leqslant \int_E | f(x) | \mathrm{d}x + \int_E | g(x) | \mathrm{d}x$$

$$\leqslant \| f \|_1 + \| g \|_1.$$

所以 $\| \cdot \|_1$ 是 $L^1(E)$ 上的范数.

定义 5.1.3 设 X 是赋范线性空间, $\| \cdot \|$ 是定义在 X 上的范数. 如果它满足: $\forall \varepsilon > 0$, 存在 N, 当 $n, m \geqslant N$ 时, 都有

$$\| x_n - x_m \| < \varepsilon,$$

则称点列 $\{x_n\}_{n=1}^{\infty}$ 为 X 中 Cauchy 列.

定义 5.1.4 设 X 是赋范线性空间, $\| \cdot \|$ 是定义在 X 上的范数. 如果存在 $x \in X, \forall \varepsilon > 0$, 存在 N, 当 $n > N$ 时, 都有

$$\| x_n - x \| < \varepsilon,$$

则称 $\{x_n\}_{n=1}^{\infty}$ 收敛于 x.

类似于数学分析,我们不难证明定理 5.1.1.

定理 5.1.1 设 X 是赋范线性空间,$\| \cdot \|$ 是定义在 X 上的范数,X 中的 Cauchy 列具有下列性质:

(1) Cauchy 列必有界;

(2) 收敛点列必为 Cauchy 列;

(3) 设 $\{x_n\}_{n=1}^{\infty}$ 为 X 中 Cauchy 列,若存在一个子列 $\{x_{n_k}\}_{k=1}^{\infty}$ 收敛于 $x \in X$,则 $\{x_n\}_{n=1}^{\infty}$ 收敛于 $x \in X$.

定义 5.1.5 如果赋范线性空间 X 中每个 Cauchy 列 $\{x_n\}_{n=1}^{\infty}$ 都收敛于 X 中的点,则称 X 是完备的. 完备赋范线性空间称为 Banach 空间.

定理 5.1.2 $L^1(E)$ 是完备的,因此 $L^1(E)$ 是 Banach 空间.

证明 设 $\{f_n\}_{n=1}^{\infty}$ 是 $L^1(E)$ 中 Cauchy 列. 令 $\varepsilon = \dfrac{1}{2}$,则存在 N_1 使得

$$\| f_n - f_{N_1} \|_1 \leqslant \frac{1}{2}, \quad n \geqslant N_1.$$

再令 $\varepsilon = \dfrac{1}{2^2}$,则存在 N_2 使得

$$\| f_n - f_{N_2} \|_1 \leqslant \frac{1}{2^2}, \quad n \geqslant N_2.$$

以此类推,我们得到一个子列 $\{f_{N_k}\}_{k=1}^{\infty}$ 满足

$$\| f_{N_{k+1}} - f_{N_k} \|_1 \leqslant \frac{1}{2^k}, \quad \forall k.$$

这样级数 $\displaystyle\sum_{k=1}^{\infty} \| f_{N_{k+1}} - f_{N_k} \|_1$ 收敛. 根据 Beppo-Levi 定理,级数

$$f_{N_1}(x) + \sum_{k=1}^{\infty} \left[f_{N_{k+1}}(x) - f_{N_k}(x) \right]$$

几乎处处收敛,设它的和函数为 $f(x)$. 因为

$$f_{N_1}(x) + \sum_{j=1}^{k} \big[f_{N_{j+1}}(x) - f_{N_j}(x) \big] = f_{N_k}(x).$$

等式左边收敛于 $f(x)$，这样 $f_{N_k}(x)$ 收敛于 $f(x)$. 根据定理 5.1.1(3)，$\{f_n(x)\}_{n=1}^{\infty}$ 收敛于 $f(x)$.

下面证 $f \in L^1(E)$ 且 $\| f_n - f \|_1 \to 0$. 因为 $\{f_n(x)\}_{n=1}^{\infty}$ 是 Cauchy 列，所以 $\forall \varepsilon > 0$，都存在 N 使得

$$\| f_n - f_m \|_1 \leqslant \varepsilon, \quad n,m \geqslant N.$$

由 Fatou 引理得

$$
\begin{aligned}
\| f - f_m \|_1 &= \int_E | f(x) - f_m(x) | \, \mathrm{d}x \\
&\leqslant \liminf_{k \to \infty} \int_E | f_{N_k}(x) - f_m(x) | \, \mathrm{d}x \\
&= \liminf_{k \to \infty} \| f_{N_k} - f_m \|_1 \leqslant \varepsilon. \quad (5.1)
\end{aligned}
$$

因此 $f - f_m \in L^1(E)$. 注意到 $f = f - f_m + f_m$，所以 $f \in L^1(E)$. (5.1) 式意味着 $\| f_n - f \|_1 \to 0$ 成立.

证毕.

5.2 Hilbert 空间 L^2

在这一节我们介绍 L^2 空间理论，它在理论上有着重要作用，它具有类似于 $\mathbf{R}^n$ 中几何性质的无穷维空间.

类似于 $L^1(E)$，我们可以定义 $L^2(E)$ 等价类为 $f \sim g \Leftrightarrow f \overset{\text{a.e}}{=} g$，仍然用 $L^2(E)$ 表示商空间 $L^2(E)/\sim$. 如果 $f: E \to \mathbf{C}$ 且 $\int_E | f(x) |^2 \mathrm{d}x < \infty$，记为 $f \in L^2(E,\mathbf{C})$. 接下来，我们介绍 L^2 的性质.

5.2.1 内积与范数

定义 5.2.1   在复数域 $\mathbf{C}$ 上线性空间 H 定义的映射 $(\cdot,\cdot): H \times H \to \mathbf{C}$，对任意 $f,g,h \in H$，满足：

(1) 线性性质:关于第一变元是线性的,即

$$(f+g,h) = (f,h)+(g,h),$$

$$(\alpha f,h) = \alpha(f,h),\quad \alpha \in \mathbf{C}.$$

(2) 共轭对称性:

$$(f,g) = \overline{(g,f)}$$

(3) 正定性:

$$(f,f) \geqslant 0,\text{且}(f,f) = 0 \Leftrightarrow f = 0,$$

则称 $(\cdot,\cdot)$ 为 H 上的内积(inner product),$(H,(\cdot,\cdot))$ 为内积空间(inner product space).

不难验证:内积 $(\cdot,\cdot)$ 关于第二变元是共轭线性的,即

$$(f,\alpha g+\beta h) = \bar{\alpha}(f,g)+\bar{\beta}(f,h),\quad \alpha,\beta \in \mathbf{C}.$$

定义 5.2.2　令

$$(f,g) = \int_E f(x)\overline{g(x)}\mathrm{d}x,\quad \forall f,g \in L^2(E,\mathbf{C}). \tag{5.2}$$

例 5.2　由(5.2)式定义的 $(\cdot,\cdot)$ 是 $L^2(E,\mathbf{C})$ 上的内积.

证明　根据 Lebesgue 积分性质我们知道由(5.2)式定义的 $(\cdot,\cdot)$ 满足定义 5.2. 1 中的(1)、(2)成立,另外

$$(f,f) = \int_E f(x)\overline{f(x)}\mathrm{d}x = \int_E |f(x)|^2\mathrm{d}x \geqslant 0.$$

且

$$(f,f) = 0 \Leftrightarrow f \overset{\text{a.e}}{=} 0,$$

因此,定义 5.2.1 中的(3)也成立.这样由(5.2)式定义的 $(\cdot,\cdot)$ 是 $L^2(E,\mathbf{C})$ 上的内积.

显然,当 $f,g,h \in L^2(E,\mathbf{R})$ 时,则内积是实的且关于第二变元是线性的.

在(5.2)式中,令 $f=g$,我们得到

$$\| f \|_2 = \left(\int_E | f(x) |^2 \mathrm{d}x \right)^{\frac{1}{2}}, \quad \forall f \in L^2(E,\mathbf{C}).$$

定理 5.2.1 （Schwarz 不等式）设 $f,g \in L^2(E,\mathbf{C})$，则 $fg \in L^1(E,\mathbf{C})$ 且

$$\left| \int_E f(x) \overline{g(x)} \mathrm{d}x \right| \leqslant \| fg \|_1 \leqslant \| f \|_2 \cdot \| g \|_2. \tag{5.3}$$

证明 我们知道

$$\| fg \|_1 = \int_E | f(x)g(x) | \mathrm{d}x \geqslant \left| \int_E f(x) \overline{g(x)} \mathrm{d}x \right|.$$

令

$$f_n := \min\{ | f |, n \} \quad g_n := \min\{ | g |, n \} \quad E_k := E \cap [-k, k], \quad k \in \mathbf{N}.$$

对任意 $t \in \mathbf{R}$，下面不等式

$$0 \leqslant \int_{E_k} (f_n(x) + t g_n(x))^2 \mathrm{d}x$$

$$\leqslant \int_{E_k} f_n^2(x) \mathrm{d}x + 2t \int_{E_k} f_n(x) g_n(x) \mathrm{d}x + t^2 \int_{E_k} g_n^2(x) \mathrm{d}x$$

成立. 根据一元二次不等式性质得

$$\left(2 \int_{E_k} f_n(x) g_n(x) \mathrm{d}x \right)^2 \leqslant 4 \int_{E_k} f_n^2(x) \mathrm{d}x \cdot \int_{E_k} g_n^2(x) \mathrm{d}x$$

$$\leqslant 4 \int_E | f(x) |^2 \mathrm{d}x \cdot \int_E | g(x) |^2 \mathrm{d}x$$

$$\leqslant 4 \| f \|_2^2 \cdot \| g \|_2^2.$$

由单调收敛定理得

$$\left(\int_{E_k} | f(x)g(x) | \mathrm{d}x \right)^2 \leqslant \| f \|_2^2 \cdot \| g \|_2^2.$$

进而

$$\left(\int_E | f(x)g(x) | \mathrm{d}x \right)^2 \leqslant \| f \|_2^2 \cdot \| g \|_2^2.$$

所以 Schwarz 不等式成立.

证毕.

下面证明: $\parallel \cdot \parallel_2$ 是 $L^2(E,\mathbf{C})$ 上的范数,称 $\parallel \cdot \parallel_2$ 为由内积$(\cdot,\cdot)$导出的范数. 因为

(1) $\parallel f \parallel_2 = 0$ 意味着 $\mid f \mid^2 \overset{a.e}{=\!=} 0$,所以 $f \overset{a.e}{=\!=} 0$.

(2) $\parallel \alpha f \parallel_2 = \left(\int_E \mid \alpha f(x) \mid^2 \mathrm{d}x \right)^{\frac{1}{2}} = \mid \alpha \mid \cdot \parallel f \parallel_2$.

(3) $\forall f,g \in L^2(E,\mathbf{C})$

$$
\begin{aligned}
\parallel f+g \parallel_2^2 &= \int_E \mid f(x)+g(x) \mid^2 \mathrm{d}x \\
&= \int_E (f(x)+g(x))\overline{(f(x)+g(x))}\mathrm{d}x \\
&= \int_E \mid f(x) \mid^2 \mathrm{d}x + \int_E (f(x)\overline{g(x)}+\overline{f(x)}g(x))\mathrm{d}x + \int_E \mid g(x) \mid^2 \mathrm{d}x \\
&\leqslant \parallel f \parallel_2^2 + 2\parallel f \parallel_2 \cdot \parallel g \parallel_2 + \parallel g \parallel_2^2 \\
&= (\parallel f \parallel_2 + \parallel g \parallel_2)^2.
\end{aligned}
$$

所以

$$\parallel f+g \parallel_2 \leqslant \parallel f \parallel_2 + \parallel g \parallel_2.$$

这样 $\parallel \cdot \parallel_2$ 是 $L^2(E,\mathbf{C})$ 上的范数.

证毕.

类似于 $L^1(E)$,可以证明:

性质 5.2.2 $L^2(E,\mathbf{C})$ 是完备的.

定义 5.2.3 完备的内积空间称为 Helbert 空间.

因此有:

定理 5.2.3 $L^2(E,\mathbf{C})$ 是 Helbert 空间.

例 5.3 设 $E_1 = [1,\infty)$,$f(x) = \dfrac{1}{x}$,则 $f \in L^2(E_1)$,但 $f \notin L^1(E_1)$.

解 因为

$$\int_{[1,\infty)} \left(\frac{1}{x} \right)^2 \mathrm{d}x = 1,$$

所以

$$f \in L^2(E_1).$$

但

$$\int_{[1,\infty)} \frac{1}{x} \mathrm{d}x = +\infty,$$

所以

$$f \notin L^1(E_1).$$

例 5.4 令 $E_2 = (0,1), g(x) = \dfrac{1}{\sqrt{x}}$，则 $g \in L^1(E_2)$，但 $g \notin L^2(E_2)$.

解 因为

$$\int_{(0,1)} \frac{1}{\sqrt{x}} \mathrm{d}x = 2,$$

所以

$$g \in L^1(E_2).$$

但

$$\int_{(0,1)} \left(\frac{1}{\sqrt{x}}\right)^2 \mathrm{d}x = +\infty,$$

所以

$$g \notin L^2(E_2).$$

例 5.3 和例 5.4 表明对于一般可测集 $E, L^2(E, \mathbf{C}) \subseteq L^1(E, \mathbf{C})$ 和 $L^1(E, \mathbf{C}) \subseteq L^2(E, \mathbf{C})$ 可能都不成立. 如果 E 是有限可测集，则下面性质成立：

性质 5.2.4 设 E 有限可测集，即 $m(E) < \infty$，则 $L^2(E, \mathbf{C}) \subseteq L^1(E, \mathbf{C})$.

它的证明类似于 L^p 空间性质 5.3.7，读者参看性质 5.3.7 的证明.

对于一般内积空间具有下面两条性质，直接计算可以证明（详见参考文献[13]）

性质 5.2.5 （平行四边形公式）设 $(H, (\cdot, \cdot))$ 为内积空间，H 上由内积导出范数为 $\|\cdot\|$，且 $\forall h_1, h_2 \in H$，则

$$\| h_1 + h_2 \|^2 + \| h_1 - h_2 \|^2 = 2(\| h_1 \|^2 + \| h_2 \|^2).$$

性质 5.2.6 （极化恒等式）设$(H,(\cdot,\cdot))$为内积空间,H 上由内积导出范数为 $\| \cdot \|$.

(1) 若$(H,(\cdot,\cdot))$为实内积空间,$\forall h_1,h_2 \in H$,则

$$(h_1,h_2) = \frac{1}{4} \| h_1 + h_2 \|^2 - \| h_1 - h_2 \|^2.$$

(2) 若$(H,(\cdot,\cdot))$为复内积空间,$\forall h_1,h_2 \in H$,则

$$(h_1,h_2) = \frac{1}{4} \sum_{k=0}^{3} \mathrm{i}^k (h_1 + \mathrm{i}^k h_2, h_1 + \mathrm{i}^k h_2)$$

$$= \frac{1}{4} \{ \| h_1 + h_2 \|^2 - \| h_1 - h_2 \|^2 + \mathrm{i}(\| h_1 + \mathrm{i}h_2 \|^2 - \| h_1 - \mathrm{i}h_2 \|^2) \}.$$

> **注**:在讨论内积空间问题时,平行四边形公式和极化恒等式是非常有用的工具.

5.2.2 L^2 空间正交性

L^2 空间具有与 $\mathbf{R}^n$ 或 $\mathbf{C}^n$ 类似的几何性质正交性(orthogonality) 等.

定义 5.2.4 如果函数 $f,g \in L^2(E,\mathbf{C})$ 满足

$$(f,g) = \int_E f(x) \overline{g(x)} \mathrm{d}x = 0,$$

则称 f 与 g 是正交的. 设$\{\varphi_k\}_{k\in\Lambda}$,$\varphi_k \in L^2(E,\mathbf{C})$,$\Lambda$ 是指标集,如果$\{\varphi_k\}_{k\in\Lambda}$ 中任意两个函数都是正交的,则称$\{\varphi_k\}_{k\in\Lambda}$ 是正交向量组. 若 $\| \varphi_k \| = 1, \forall k \in \Lambda$,则称 $\{\varphi_k\}_{k\in\Lambda}$ 是标准正交向量组.

例 5.5 设$E = [0,1]$,$f(x) = 1$ 与 $g(x) = x - \frac{1}{2}$ 是 $E = [0,1]$ 上正交的.

解 因为

$$(f,g) = \int_{[0,1]} \left(x - \frac{1}{2} \right) \mathrm{d}x = \left[\frac{x^2}{2} - \frac{x}{2} \right]_0^1 = 0,$$

所以 $f(x) = 1$ 与 $g(x) = x - \dfrac{1}{2}$ 是 $E = [0,1]$ 上正交的.

例 5.6 设 $E = [-\pi, \pi]$，令 $\varphi_0(x) = \dfrac{1}{\sqrt{2\pi}}$，$\varphi_{2n}(x) = \dfrac{1}{\sqrt{\pi}}\cos nx$，$\varphi_{2n-1}(x) =$ $\dfrac{1}{\sqrt{\pi}}\sin nx$，则 $\{\varphi_n\}_{n=0}^{\infty}$ 是 $[-\pi, \pi]$ 上一组标准正交向量组.

解 由数学分析知，$\{\varphi_n\}_{n=0}^{\infty}$ 是 $[-\pi, \pi]$ 上两两正交向量组，且

$$\| \varphi_n \|^2 = \int_{[-\pi, \pi]} | \varphi_n(x) |^2 \mathrm{d}x = 1, \quad n = 0, 1, 2, \cdots,$$

所以 $\{\varphi_n\}_{n=0}^{\infty}$ 是 $[-\pi, \pi]$ 上一组标准正交向量组.

性质 5.2.7 若 $\{\varphi_n\}_{k=1}^{n}$ 是一组标准正交向量组，则对任何复数组 $\{\lambda_n\}_{k=1}^{n}$，都有

$$\left\| \sum_{k=1}^{n} \lambda_k \varphi_k \right\|^2 = \sum_{k=1}^{n} | \lambda_n |^2.$$

由于 L^2 空间是可分的(详见参考文献[7])，可以证明定理 5.2.8.

定理 5.2.8 $L^2(E, \mathbf{C})$ 中任一标准正交向量组 $\{\varphi_\lambda\}_{\lambda \in \Lambda}$ 中的元素至多可数.

定理 5.2.9 设 $\{e_n\}_{n=1}^{\infty}$ 是 $L^2(E, \mathbf{C})$ 中的标准正交向量组，则级数 $\sum\limits_{n=1}^{\infty} \lambda_n e_n$ 收敛的充分必要条件是级数 $\sum\limits_{n=1}^{\infty} | \lambda_n |^2$ 收敛，并且当 $\sum\limits_{n=1}^{\infty} \lambda_n e_n$ 收敛时，满足

$$\left\| \sum_{n=1}^{\infty} \lambda_n e_n \right\|^2 = \sum_{n=1}^{\infty} | \lambda_n |^2.$$

证明 令

$$S_n = \sum_{k=1}^{n} \lambda_n e_n.$$

根据性质 5.2.2，对任意 $m > n$ 得

$$\| S_m - S_n \|_2^2 = \left\| \sum_{k=n+1}^{m} \lambda_k e_k \right\|^2 = \sum_{k=n+1}^{m} | \lambda_n |^2.$$

这就是说部分和 $\{S_n\}_{n=1}^{\infty}$ 是 $L^2(E, \mathbf{C})$ 中的 Cauchy 列与数值级数 $\sum\limits_{n=1}^{\infty} | \lambda_n |^2$ 的收敛

是等价的. 其次, 当 S_n 收敛于 $\sum\limits_{n=1}^{\infty} \lambda_n e_n$ 时, 则 $\| S_n \|_2^2 = \sum\limits_{k=1}^{n} | \lambda_k |^2$ 收敛于

$\left\| \sum\limits_{n=1}^{\infty} \lambda_n e_n \right\|^2$. 所以

$$\left\| \sum_{n=1}^{\infty} \lambda_n e_n \right\|^2 = \sum_{n=1}^{\infty} | \lambda_n |^2 .$$

证毕.

定理 5.2.10 （Bessel 不等式）设

(1) $\{ e_n \}_{n=1}^{\infty}$ 是 $L^2(E, \mathbf{C})$ 中的标准正交向量组;

(2) $f \in L^2(E, \mathbf{C}), x_n = (f, e_n)$, 则

$$\sum_{n=1}^{\infty} | x_n |^2 = \sum_{n=1}^{\infty} | (f, e_n) |^2 \leqslant \| f \|^2 .$$

证明 对任意正整数 N 都有

$$0 \leqslant \left(f - \sum_{k=1}^{n} x_k e_k, f - \sum_{k=1}^{n} x_k e_k \right)$$

$$= (f, f) - \sum_{k=1}^{n} \overline{x_k} (f, e_k) - \sum_{k=1}^{n} x_k (e_k, f) + \sum_{k,l=1}^{N} x_k \overline{x_l} (e_k, e_j)$$

$$= \| f \|^2 - \sum_{k=1}^{n} | x_k |^2 .$$

所以

$$\sum_{k=1}^{n} | x_k |^2 \leqslant \| f \|^2 .$$

因为 N 是任意的, 令 $N \to \infty$ 得

$$\sum_{k=1}^{\infty} | x_k |^2 \leqslant \| f \|^2 .$$

证毕.

如果 $f \in L^2(E, \mathbf{C})$, 则从 Bessel 不等式即得

$$\sum_{k=1}^{\infty} | x_k |^2 \leqslant \| f \|^2 < + \infty .$$

可见 $\sum_{k=1}^{\infty} |x_k|^2$ 是收敛的. 换言之, 欲使 $\{x_1, x_2, \cdots, x_n, \cdots\}$ 是某一函数 $f \in L^2(E, \mathbf{C})$ 的坐标, 即

$$x_n = (f, e_n), \quad \forall n \in \mathbf{N},$$

必须满足 $\sum_{n=1}^{\infty} |x_n|^2 < +\infty$. 可是当 $\sum_{n=1}^{\infty} |x_n|^2 < \infty$ 时, 是否一定在 $L^2(E, \mathbf{C})$ 中有一函数 f 与之对应呢, 即是否存在一个函数, 它正好以 x_n 作为它的坐标呢? 关于这个问题, 下面的定理给出肯定的回答.

定理 5.2.11 (Riesz-Fisher 定理) 设

(1) $\{e_n\}_{n=1}^{\infty}$ 是 $L^2(E, \mathbf{C})$ 中的标准正交向量组;

(2) 复数列 $\{x_n\}_{n=1}^{\infty}$ 使得 $\sum_{n=1}^{\infty} |x_n|^2 < \infty$, 则存在 $f \in L^2(E, \mathbf{C})$ 使得

$$x_n = (f, e_n), \quad \forall n \in \mathbf{N}.$$

证明 令

$$f_n = \sum_{k=1}^{n} x_k e_k,$$

则由 $\{e_n\}_{n=1}^{\infty}$ 的正交性得

$$x_k = (f_n, e_k), \quad k = 1, 2, \cdots, n.$$

接下来我们证明 $\{f_n\}_{n=1}^{\infty}$ 收敛于函数 f. 由于 $L^2(E, \mathbf{C})$ 是完备的, 所以只要证明 $\{f_n\}_{n=1}^{\infty}$ 是 Cauchy 列即可. 为此计算 $f_m - f_n, m > n$ 的范数:

$$\|f_m - f_n\|^2 = \left(\sum_{k=n+1}^{m} x_k e_k, \sum_{k=n+1}^{m} x_k e_k \right)$$
$$= \sum_{k=n+1}^{m} |x_k|^2.$$

因为 $\sum_{n=1}^{\infty} |x_n|^2 < \infty$ 是收敛的, 只要 m, n 充分大, $\sum_{k=n+1}^{m} |x_n|^2 < \infty$ 可以任意小, 因此 $\{f_n\}_{n=1}^{\infty}$ 是一个 Cauchy 列, 从而存在 $f \in L^2(E, \mathbf{C})$, 使得

$$x_n = (f, e_n), \quad k \in \mathbf{N}.$$

因为对于任意 i,只要 $n \geqslant i$,就有 $x_i = (f_n, e_i)$,根据内积性质得

$$(f, e_i) = (\lim_{n \to \infty} f_n, e_i) = \lim_{n \to \infty}(f_n, e_i) = x_i.$$

证毕.

定义 5.2.5 设 $\{e_n\}_{n=1}^{\infty}$ 是 $L^2(E, \mathbf{C})$ 中一组标准正交组,如果对任意 $f \in L^2(E, \mathbf{C})$ 都有

$$f = \sum_{n=1}^{\infty}(f, e_n)e_n,$$

则称 $\{e_n\}_{n=1}^{\infty}$ 为 $L^2(E, \mathbf{C})$ 中一组标准正交基.

我们得到下面等价定理:

定理 5.2.12 $\{e_n\}_{n=1}^{\infty}$ 为 $L^2(E, \mathbf{C})$ 中一组标准正交基的充要条件是如果 $g \in L^2(E, \mathbf{C})$,且 g 与所有 e_n 正交,则 $g = 0$.

证明 (1) 如果 $\{e_n\}_{n=1}^{\infty}$ 为 $L^2(E, \mathbf{C})$ 中一组标准正交基,则

$$g = \sum_{n=1}^{\infty}(g, e_n)e_n.$$

又 g 与所有 e_n 正交,所以 $g = 0$.

(2) 对任意 $f \in L^2(E, \mathbf{C})$,令

$$g = f - \sum_{n=1}^{\infty}(f, e_n)e_n.$$

不难验证

$$(g, e_n) = 0, \quad \forall n \in \mathbf{N},$$

所以 $g = 0$. 进而 $f = \sum_{n=1}^{\infty}(f, e_n)e_n$.

证毕.

定义 5.2.6 称 $\sum_{n=1}^{\infty}(f, e_n)e_n$ 为 f 关于标准正交基 $\{e_n\}_{n=1}^{\infty}$ 的 Fourier 级数,其中 $\{(f, e_n)\}_{n=1}^{\infty}$ 为 f 关于标准正交基 $\{e_n\}_{n=1}^{\infty}$ 的 Fourier 系数.

定理 5.2.13 (Parseval 等式) 设

(1) $\{e_n\}_{n=1}^{\infty}$ 为 $L^2(E,\mathbf{C})$ 中一组标准正交基；

(2) $f \in L^2(E,\mathbf{C})$ 且 $x_n = (f,e_n), n \in \mathbf{N}$,

则

$$\| f \|^2 = \sum_{n=1}^{\infty} | x_n |^2.$$

证明　根据定理 5.2.12 得

$$f = \sum_{n=1}^{\infty} x_n e_n.$$

所以

$$\| f \|^2 = \Big(\sum_{n=1}^{\infty} x_n e_n, \sum_{n=1}^{\infty} x_n e_n \Big)$$
$$= \sum_{n=1}^{\infty} | x_k |^2.$$

证毕.

5.3　L^p 空间

由于某些研究需要 $f^p(x)$ 的积分,所以本节介绍 L^p 空间的完备性.

我们证明

$$\| f \|_p := \Big(\int_E | f(x) |^p \mathrm{d}x \Big)^{\frac{1}{p}}$$

为 $L^p(E)$ 上范数.

对任意可测函数 $f: E \to \hat{\mathbf{R}}$,记

$$\| f \|_{\infty} = \mathrm{ess\ sup} f := \inf \{c: | f | \leqslant c \quad \text{a. e.} \}.$$

定义 5.3.1　如果可测函数 f 满足 $\mathrm{ess\ sup} f < \infty$,则称 f 本性有界. E 上所有本性有界函数全体记为 $L^{\infty}(E)$.

不难验证: $L^{\infty}(E)$ 是赋范线性空间,其中 $\| \cdot \|_{\infty}$ 为 $L^{\infty}(E)$ 上范数.

接下来,我们证明 $(L^p(E), \| \cdot \|_p), 1 < p < \infty$,是赋范线性空间. 对任意 f, g

$\in L^p(E)$

（1）显然

$$\| f(x) \|_p = 0 \Longleftrightarrow | f(x) |^p \overset{\text{a.e.}}{=} 0 \Longleftrightarrow f(x) \overset{\text{a.e.}}{=} 0.$$

（2）因为 $| \alpha f(x) |^p = | \alpha |^p \cdot | f(x) |^p$，所以

$$\| \alpha f \|_p = \left(\int_E | \alpha f(x) |^p \mathrm{d}x \right)^{\frac{1}{p}}$$

$$= | \alpha | \cdot \left(\int_E | f(x) |^p \mathrm{d}x \right)^{\frac{1}{p}}$$

$$= | \alpha | \cdot \| f \|_p.$$

（3）因为 $| f(x) + g(x) |^p \leqslant 2^p \max\{ | f(x) |^p, | g(x) |^p \}$，所以 $\| f(x) + g(x) \|_p$ 是有限的，即 $f + g \in L^p(E)$. 根据下面的 Minkowski 不等式得

$$\| f + g \|_p \leqslant \| f \|_p + \| g \|_p.$$

综上所述，$(L^p(E), \| \cdot \|_p), 1 \leqslant p < \infty$，是赋范线性空间.

定理 5.3.1　（Minkowski 不等式）对固定的 $1 \leqslant p < \infty$，如果 $f, g \in L^p(E)$，则

$$\| f + g \|_p \leqslant \| f \|_p + \| g \|_p.$$

在证明 Minkowski 不等式之前，我们还需要下面相关的结论.

引理 5.3.2　对任意非负数 x, y 及所有 $\alpha, \beta \in (0,1)$ 且 $\alpha + \beta = 1$，则

$$x^\alpha y^\beta \leqslant \alpha x + \beta y. \tag{5.4}$$

证明　如果 $x = 0$，不等式显然成立. 设 $x > 0$，令

$$f(t) = (1 - \beta) + \beta t - t^\beta, \quad t \geqslant 0.$$

求导得

$$f'(t) = \beta(1 - t^{\beta-1}), \quad t \geqslant 0.$$

所以

$$\begin{cases} f'(t) < 0, & t \in (0,1), \\ f'(t) > 0, & t \in (1, \infty). \end{cases}$$

这样函数 $f(t)$ 在 $(0,1)$ 上单调减小,在 $(1,\infty)$ 上单调增加.因此 $f(1)=0$ 是函数 $f(t)$ 在 $[0,\infty)$ 上唯一的极小值点,所以

$$f(t)=(1-\beta)+\beta t-t^{\beta}\geqslant 0,\quad t\geqslant 0.$$

取 $t=\dfrac{y}{x}$,代入上式,整理得

$$x^{\alpha}y^{\beta}\leqslant \alpha x+\beta y.$$

证毕.

定理 5.3.3 (Hölder 不等式) 如果 $\dfrac{1}{p}+\dfrac{1}{q}=1,p>1$,且 $f\in L^{p}(E),g\in L^{q}(E)$,则

$$\|fg\|_{1}\leqslant \|f\|_{p}\cdot\|g\|_{q}.$$

证明 分三种情况证明 Hölder 不等式:

(1) 若 $\|f\|_{p}$ 与 $\|g\|_{q}$ 至少有一个为零,则 $f(t)$ 与 $g(t)$ 至少有一个函数几乎处处为零,Hölder 不等式左为零,因此不等式成立.

(2) 若 $\|f\|_{p}=\|g\|_{q}=1$,我们只要证明 $\|fg\|_{1}\leqslant 1$.

在(5.4)式中,令 $\alpha=\dfrac{1}{p},\beta=\dfrac{1}{q},x=|f(t)|^{p},y=|f(t)|^{q}$,根据引理 5.3.2 得

$$|f(t)g(t)|=x^{\frac{1}{p}}y^{\frac{1}{q}}$$

$$\leqslant \frac{1}{p}|f(t)|^{p}+\frac{1}{q}|g(t)|^{q}.$$

积分得

$$\int_{E}|f(t)g(t)|\,\mathrm{d}t=\|fg\|_{1}$$

$$\leqslant \frac{1}{p}\int_{E}|f(t)|^{p}\mathrm{d}t+\frac{1}{q}\int_{E}|g(t)|^{q}\mathrm{d}t$$

$$=\frac{1}{p}+\frac{1}{q}$$

$$=1.$$

(3) 若 $\|f\|_{p}\neq 0$ 和 $\|g\|_{q}\neq 0$,令

$$\widetilde{f} = \frac{f}{\parallel f \parallel_p}, \quad \widetilde{g} = \frac{g}{\parallel g \parallel_q}.$$

显然 $\parallel \widetilde{f} \parallel_p = \parallel \widetilde{g} \parallel_q = 1.$ 由 (2) 得

$$\parallel \widetilde{f} \cdot \widetilde{g} \parallel_1 \leqslant 1.$$

所以

$$\parallel fg \parallel_1 \leqslant \parallel f \parallel_p \cdot \parallel g \parallel_q.$$

综上所述, Hölder 不等式成立.

证毕.

令 $p = q = 2$, 我们得到 Schwarz 不等式.

推论 5.3.4 (Schwarz 不等式) 如果 $f \in L^2(E), g \in L^2(E)$, 则

$$\parallel fg \parallel_1 \leqslant \parallel f \parallel_2 \cdot \parallel g \parallel_2.$$

即

$$\int_E \mid f(x)g(x) \mid \mathrm{d}x \leqslant \left(\int_E \mid f(x) \mid^2 \mathrm{d}x \right)^{\frac{1}{2}} \cdot \left(\int_E \mid g(x) \mid^2 \mathrm{d}x \right)^{\frac{1}{2}}.$$

例 5.7 设 $f \in L^p([a,b]), p > 1,$ 令

$$F(x) := \int_a^x f(t) \mathrm{d}x,$$

则下面的渐近式成立, 即

$$F(x+h) - F(x) = o(h^{1-\frac{1}{p}}), \quad h \to 0.$$

证明 由 Hölder 不等式得

$$\mid F(x+h) - F(x) \mid \leqslant \int_x^{x+h} \mid f(x) \mid \mathrm{d}x$$

$$\leqslant \left(\int_x^{x+h} \mid f(x) \mid^p \mathrm{d}x \right)^{\frac{1}{p}} \times \left(\int_x^{x+h} 1 \mathrm{d}x \right)^{1-\frac{1}{p}}$$

$$= o(h^{1-\frac{1}{p}}), \quad h \to 0.$$

接下来, 我们用 Hölder 不等式证明 Minkowski 不等式.

Minkowski 不等式的证明　当 $p = 1$ 时，我们在第一节就证明了. 因此只要证明当 $1 < p < \infty$ 时，Minkowski 不等式成立. 由 $\dfrac{1}{p} + \dfrac{1}{q} = 1$ 得，$p + q = pq$. 这样

$$| f(x) + g(x) |^p = | f(x) + g(x) |^{(p-1)q}.$$

注意到 $f + g \in L^p(E)$，所以 $(f+g)^{p-1} \in L^q(E)$，且

$$\| (f+g)^{p-1} \|_q = \left(\int_E | f(x) + g(x) |^p \mathrm{d}x \right)^{\frac{1}{q}}.$$

因为

$$| f(x) + g(x) |^p = | f(x) + g(x) || (f(x) + g(x))^{p-1} |$$
$$\leqslant | f(x) || f(x) + g(x) |^{p-1} + | g(x) || f(x) + g(x) |^{p-1},$$

所以

$$\int_E | f(x) + g(x) |^p \mathrm{d}x \leqslant \int_E | f(x) || f(x) + g(x) |^{p-1} \mathrm{d}x$$
$$+ \int_E | g(x) || f(x) + g(x) |^{p-1} \mathrm{d}x.$$

根据 Hölder 不等式得

$$\int_E | f(x) + g(x) |^p \mathrm{d}x \leqslant \int_E | f(x) || f(x) + g(x) |^{p-1} \mathrm{d}x$$
$$+ \int_E | g(x) || f(x) + g(x) |^{p-1} \mathrm{d}x$$
$$\leqslant \left(\int_E | f(x) |^p \mathrm{d}x \right)^{\frac{1}{p}} \left(\int_E | f(x) + g(x) |^p \mathrm{d}x \right)^{\frac{1}{q}}$$
$$+ \left(\int_E | g(x) |^p \mathrm{d}x \right)^{\frac{1}{p}} \left(\int_E | f(x) + g(x) |^p \mathrm{d}x \right)^{\frac{1}{q}}$$
$$= (\| f \|_p + \| g \|_p) \left(\int_E | f(x) + g(x) |^p \mathrm{d}x \right)^{\frac{1}{q}}.$$

$$(5.5)$$

如果 $\left(\int_E | f(x) + g(x) |^p \mathrm{d}x \right)^{\frac{1}{q}} = 0$，则 $\| f + g \|_p = 0$. 这样 Minkowski 不等式成立.

如果 $\left(\int_E \mid f(x) + g(x) \mid^p \mathrm{d}x\right)^{\frac{1}{q}} > 0$，在(5.5)式中两边同除以 $\left(\int_E \mid f(x) + g(x) \mid^p \mathrm{d}x\right)^{\frac{1}{q}}$，得

$$\| f + g \|_p = \left(\int_E \mid f(x) + g(x) \mid^p \mathrm{d}x\right)^{\frac{1}{p}}$$
$$= \left(\int_E \mid f(x) + g(x) \mid^p \mathrm{d}x\right)^{1-\frac{1}{q}}$$
$$\leqslant \| f \|_p + \| g \|_p.$$

证毕.

例 5.8 设 $f \in L^p(\mathbf{R}), p \geqslant 1, g \in L^q(\mathbf{R})$，且 $\frac{1}{p} + \frac{1}{q} = 1$，试证

$$F(t) := \int_{\mathbf{R}} f(x+t)g(x)\mathrm{d}x$$

为 t 的连续函数.

证明 （1）先证明

$$\lim_{h \to 0}\left(\int_{\mathbf{R}} \mid f(x+h) - f(x) \mid^p \mathrm{d}x\right)^{\frac{1}{p}} = 0.$$

事实上，对任意的 $\varepsilon > 0$，存在 $N > 0$，使当 $h < 1$ 时，有

$$\left(\int_{-\infty}^{-N} \mid f(x+h) - f(x) \mid^p \mathrm{d}x\right)^{\frac{1}{p}} < \frac{\varepsilon}{3},$$

$$\left(\int_N^\infty \mid f(x+h) - f(x) \mid^p \mathrm{d}x\right)^{\frac{1}{p}} < \frac{\varepsilon}{3},$$

根据文献[17]第5章第9题，存在 $0 < h_0 < 1$ 使当 $\mid h \mid < h_0$ 时，有

$$\left(\int_{-N}^N \mid f(x+h) - f(x) \mid^p \mathrm{d}x\right)^{\frac{1}{p}} < \frac{\varepsilon}{3}.$$

从而，当 $\mid h \mid < h_0$ 时，有

$$\left(\int_{-\infty}^\infty \mid f(x+h) - f(x) \mid^p \mathrm{d}x\right)^{\frac{1}{p}} < \varepsilon,$$

因此

$$\lim_{h \to 0} \left(\int_{\mathbf{R}} \mid f(x+h) - f(x) \mid^p \mathrm{d}x \right)^{\frac{1}{p}} = 0.$$

(2) 再证明 $F(t)$ 的连续性.

对任意的 $t \in \mathbf{R}$,由 Hölder 不等式得

$$\mid F(t + \Delta t) - F(t) \mid \leqslant \int_{-\infty}^{\infty} \mid f(x + \Delta t) - f(x) \parallel g(t) \mid \mathrm{d}x$$

$$\leqslant \left(\int_{-\infty}^{\infty} \mid f(x+h) - f(x) \mid^p \mathrm{d}x \right)^{\frac{1}{p}} \parallel g \parallel_q$$

$$\leqslant \left(\int_{-\infty}^{\infty} \mid f(x+h) - f(x) \mid^p \mathrm{d}x \right)^{\frac{1}{p}} \parallel g \parallel_q.$$

由 (1) 得

$$\mid F(t + \Delta t) - F(t) \mid < \varepsilon.$$

这样 $F(t)$ 为 t 的连续函数.

前面已经证明了 $L^1(E)$ 的完备性,接下来证明 $L^p(E)$ 是完备的 $(p > 1)$.

定理 5.3.5 $L^p(E), 1 < p < \infty$ 是完备的,因此 $L^p(E)$ 是 Banach 空间.

证明 设 $\{f_n\}_{n=1}^{\infty}$ 是 $L^p(E)$ 中的 Cauchy 列,即 $\forall \varepsilon > 0$,则存在 N,当 $n, m \geqslant N$,则

$$\parallel f_n - f_m \parallel_p \leqslant \varepsilon.$$

因此,可以选一个子列 $\{f_{n_k}\}_{k=1}^{\infty}$ 满足

$$\parallel f_{n_{k+1}} - f_{n_k} \parallel_p \leqslant \frac{1}{2^k}, \quad \forall k.$$

令

$$g_k = \sum_{j=1}^{k} \mid f_{n_{j+1}} - f_{n_j} \mid, \quad g = \lim_{k \to \infty} \sum_{j=1}^{k} \mid f_{n_{j+1}} - f_{n_j} \mid.$$

根据 Minkowski 不等式得

$$\parallel g_k \parallel_p \leqslant \sum_{j=1}^{k} \parallel f_{n_{j+1}} - f_{n_j} \parallel_p = \sum_{j=1}^{k} \frac{1}{2^j} < 1.$$

由 Fatou 引理得

$$\| g \|_p^p = \int_E \lim_{k \to \infty} g_k^p \, \mathrm{d}x \leqslant \liminf_{k \to \infty} \int_E g_k^p \, \mathrm{d}x \leqslant 1.$$

这样 g 几乎处处有限,且级数

$$f_{n_1}(x) + \sum_{k=1}^{\infty} (f_{n_{k+1}}(x) - f_{n_k}(x))$$

几乎处处绝对收敛,设它的和函数为 $f(x)$. 因为

$$f_{n_1}(x) + \sum_{j=1}^{k} \left[f_{n_{j+1}}(x) - f_{n_j}(x) \right] = f_{n_k}(x).$$

等式左边收敛于 $f(x)$,这样 $\lim\limits_{k \to \infty} f_{n_k}(x) = f(x)$. 根据定理 5.1.1(3),$\{f_n(x)\}_{n=1}^{\infty}$ 收敛于 $f(x)$.

下面证 $f \in L^p(E)$ 且 $\| f_n - f \|_p \to 0$. 因为 $\{f_n(x)\}_{n=1}^{\infty}$ 是 Cauchy 列,所以,$\forall \varepsilon > 0$,则存在 N 使得

$$\| f_n - f_m \|_p < \varepsilon, \quad n, m \geqslant N.$$

由 Fatou 引理得

$$\begin{aligned}
\| f - f_m \|_p^p &= \int_E | f(x) - f_m(x) |^p \mathrm{d}x \\
&\leqslant \liminf_{k \to \infty} \int_E | f_{n_k}(x) - f_m(x) |^p \mathrm{d}x \\
&\leqslant \varepsilon^p.
\end{aligned} \tag{5.6}$$

因此 $f - f_m \in L^p(E)$. 注意到 $f = f - f_m + f_m$,所以 $f \in L^p(E)$. (5.6) 式意味着 $\| f_m - f \|_p \to 0$ 成立.

证毕.

读者不难证明:

定理 5.3.6 $L^{\infty}(E)$ 中点列 f_n 收敛于 f 的充要条件是存在 E 中测度为零子集 F,使得 f_n 在 $E \backslash F$ 上一致收敛于 f.

下面这一性质是关于不同 $L^p(E)$ 空间之间的关系,是性质 5.2.4 的推广.

性质 5.3.7 设 E 有限可测集,即 $m(E) < \infty$,则 $L^q(E) \subseteq L^p(E)$,其中 $1 \leqslant p$

$\leqslant q \leqslant \infty.$

证明 $\forall f \in L^q(E)$,则$\int_E |f(x)|^q \mathrm{d}x < \infty.$ 因为

$$\begin{cases} |f(x)|^p \leqslant 1, & |f(x)| \leqslant 1, \\ |f(x)|^p \leqslant |f(x)|^q, & |f(x)| > 1, \end{cases}$$

所以

$$|f(x)|^p \leqslant 1 + |f(x)|^q.$$

积分得

$$\int_E |f(x)|^p \mathrm{d}x \leqslant \int_E 1 \mathrm{d}x + \int_E |f(x)|^q \mathrm{d}x$$

$$= m(E) + \int_E |f(x)|^q \mathrm{d}x$$

$$< \infty.$$

所以,$f \in L^p(E)$. 这样 $L^q(E) \subseteq L^p(E)$.

证毕.

习题 5

1. 设 $\boldsymbol{x} = (x_1, x_2, \cdots, x_n)^{\mathrm{T}} \in \mathbf{R}^n$,若定义

(1) $\| \boldsymbol{x} \|_1 = |x_1| + |x_2| + \cdots + |x_n|$;

(2) $\| \boldsymbol{x} \|_\infty = \max\{|x_1|, |x_2|, \cdots, |x_n|\}$;

(3) $\| \boldsymbol{x} \|_p = (|x_1|^p + |x_2|^p + \cdots + |x_n|^p)^{\frac{1}{p}}$, $1 \leqslant p < \infty$.

试证 $\| \cdot \|_1, \| \cdot \|_\infty$ 和 $\| \cdot \|_p$ 都是 $\mathbf{R}^n$ 上的范数.

2. 令

$$\| x \|_\infty = \max_{a \leqslant t \leqslant b} |x(t)|, \quad x \in C[a,b],$$

则 $\| \cdot \|_\infty$ 是 $C[a,b]$ 上的范数.

3. 判断下列函数列是不是 $L^1(0,\infty)$ 中的 Cauchy 列

(1) $f_n = \chi_{[n,n+1]}$;

(2) $f_n = \dfrac{1}{x} \chi_{(0,n)}$;

(3) $f_n = \dfrac{1}{x^2} \chi_{(0,n)}$.

4. 判断下列函数列是不是 $L^2(0,\infty)$ 中的 Cauchy 列

 (1) $f_n = \chi_{(0,n)}$;

 (2) $f_n = \dfrac{1}{x} \chi_{(0,n)}$;

 (3) $f_n = \dfrac{1}{x^2} \chi_{(0,n)}$.

5. 设 $f, g \in L^2(E)$,则

 (1) $(f+g, f-g) = 0$;

 (2) $\| f+g \|_2^2 + \| f-g \|_2^2 = 2(\| f \|_2^2 + \| g \|_2^2)$.

6. 设 $f, g, f_n, g_n \in L^2(E)$, $n \in \mathbf{N}$,证明

 (1) 若 $\| f_n - f \|_2 \to 0$, $\| g_n - g \|_2 \to 0 (n \to \infty)$,则

$$| (f_n, g_n) - (f, g) | \to 0, \quad n \to \infty.$$

 (2) 若 $\| f_n \|_2 \to \| f \|_2$, $(f_n, f) \to \| f \|_2^2$, $n \to \infty$,则

$$\| f_n - f \|_2 \to 0, \quad n \to \infty.$$

7. 判断函数列

$$g_n(x) = \chi_{\left(0, \frac{1}{n}\right]}(x) \frac{1}{\sqrt{x}}$$

是不是 $L^4(0,1]$ 中的 Cauchy 列.

8. 证明: $L^2[-\pi, \pi]$ 中的三角函数列 $\dfrac{1}{\sqrt{2\pi}}$, $\dfrac{1}{\sqrt{\pi}} \cos x$, $\dfrac{1}{\sqrt{\pi}} \sin x$, $\cdots$, $\dfrac{1}{\sqrt{\pi}} \cos kx$,

$\dfrac{1}{\sqrt{\pi}} \sin kx$, $\cdots$ 是一组标准正交系.

9. 设 $f, g \in L^p(E)$, $1 \leqslant p < \infty$, $f_n \xrightarrow{\text{a.e.}} f$,则在 $L^p(E)$ 中 $\| f_n - f \|_p \to 0$ 的充要条件是 $\| f_n \|_p \to \| f \|_p$.

参考文献

[1] 江泽坚,吴智泉. 实变函数论[M]. 北京:高等教育出版社,1994.

[2] 夏道行,吴卓人,严绍宗,等. 实变函数与泛函分析[M]. 3版. 北京:高等教育出版社,1987.

[3] 郑维行,王声望. 实变函数与泛函分析[M]. 2版. 北京:高等教育出版社,2004.

[4] 程其襄,张奠宙,魏国强,等. 实变函数与泛函分析基础[M]. 北京:高等教育出版社,1983.

[5] 徐森林. 实变函数论[M]. 合肥:中国科技大学出版社,2003.

[6] 张晓岚. 实变函数与泛函分析简明教程[M]. 北京:高等教育出版社,2004.

[7] 周性伟. 实变函数[M]. 北京:科学出版社,2004.

[8] CAPINSKI M, KOPP E. Measure, Integral and Probability[M]. Springer,1999.

[9] BARRA E G. Measure Theory and Integration[M]. Ellis Horwood,1981.

[10] RUDIN W. Real and Complex Analysis[M]. New York:McGraw-Hill,1966.

[11] BENEDETTO J J. Real Variable and Integration[M]. B. G. Teubner,1976.

[12] 华东师范大学数学系. 数学分析[M]. 北京:高等教育出版社,2001.

[13] 黄振友,杨建新,华踏红,等. 泛函分析[M]. 北京:科学出版社,2003.

[14] 钟玉泉. 复变函数论[M]. 北京:高等教育出版社,2003.

[15] ZEIDLER E. Applied Functional Analysis:Main Principles and Their Application[M]. Springer-Verlag,1995.

[16] 克莱因. 古今数学思想[M]. 上海:上海科技出版社,1978.

[17] 宋国柱. 实变函数与泛函分析习题精解[M]. 北京:科学出版社,2004.